U0339553

乡村振兴
——科技助力系列

丛书主编：袁隆平　官春云　印遇龙
　　　　　邹学校　刘仲华　刘少军

水生蔬菜-渔综合种养
实用技术

主　编◎陈　灿　黄　璜　崔　松
副主编◎张　明　何东芝　龚向胜　贺　慧

参　编◎傅志强　任　勃　黄　尧　余政军　黄益国
　　　　龙　攀　张秋萍　王少希　徐　莹　张　印
　　　　梁玉刚　吕广动　陶新纪　刘定喜　唐华骏
　　　　张　琴　龙　丽　陈　璐　马微微　焦文献
　　　　马学虎　袁　睿　钱江飞　龙岳林　金　冉
　　　　陈星烨　龚天赐　卢晶晶　宋朝晖　易　倩
　　　　杨应展　谭亮萍　易家萱

湖南科学技术出版社·长沙

图书在版编目（ＣＩＰ）数据

水生蔬菜-渔综合种养实用技术 / 陈灿，黄璜，崔松
主编. -- 长沙 ：湖南科学技术出版社，2024. 9.
（乡村振兴）. -- ISBN 978-7-5710-2999-9

Ⅰ. S645

中国国家版本馆 CIP 数据核字第 20247WR175 号

SHUISHENG SHUCAI -YU ZONGHE ZHONGYANG SHIYONG JISHU

水生蔬菜-渔综合种养实用技术

主　　编：陈灿黄璜崔松
出 版 人：潘晓山
责任编辑：任　妮
出版发行：湖南科学技术出版社
社　　址：长沙市芙蓉中路一段 416 号泊富国际金融中心
网　　址：http://www.hnstp.com
湖南科学技术出版社天猫旗舰店网址：
　　　　http://hnkjcbs.tmall.com
邮购联系：0731-84375808
印　　刷：湖南省汇昌印务有限公司
　　　　（印装质量问题请直接与本厂联系）
厂　　址：长沙市望城区丁字镇街道兴城社区
邮　　编：410299
版　　次：2024 年 9 月第 1 版
印　　次：2024 年 9 月第 1 次印刷
开　　本：710mm×1000mm　1/16
印　　张：11.5
字　　数：188 千字
书　　号：ISBN 978-7-5710-2999-9
定　　价：34.00 元

前　言

2019 年 11 月 26 日，农业农村部印发《农业绿色发展先行先试支撑体系建设管理办法（试行）》，提出"大力发展种养结合、生态循环农业"，表明国家在发展农业高效生态种养技术方面鼓励先行先试，因地制宜开展多种形式生态高效的种养结合模式。走绿色高效发展之路，已经成为现代农业发展的必由之路。

本书以通俗易懂的语言，从水生蔬菜-渔综合种养生产基本要求，莲藕、茭白、水芹、水蕹菜、菱角、莼菜、荸荠、慈姑、芡实、水芋等主要水生蔬菜的种植以及相关菜鱼共生技术等几个方面，对现代水生蔬菜高效生态种养新技术进行了详细介绍，本书定位服务教育培训，强调理实结合，产教融合，突出实践性、针对性和实用性，以期帮助农民朋友学习和掌握水生蔬菜综合种养相关的技术知识。

本书在编写过程中，参考和引用了一些专家和同行的文献资料，在此表示感谢。由于编者水平有限，书中难免存在疏漏之处，敬请读者批评指正。本书的出版得到国家重点研发项目"双季稻病虫草害绿色防控与避灾减损关键技术"的资助。

编　者

2024 年 1 月

目　　录

第一章　水生蔬菜-渔综合种养及生产要求

第一节　水生蔬菜介绍

一、水生蔬菜简介

水生蔬菜主要是指生长在淡水中，可作蔬菜食用的草本植物。分为深水和浅水两大类。能适应深水的有莲藕、菱角、莼菜等，作浅水栽培的有茭白、水芹、蕹菜、慈姑、荸荠等。我国水生蔬菜资源丰富，种植面积广，栽植历史悠久，区域特色明显。作为一种重要的特色蔬菜作物，水生蔬菜在我国蔬菜产业发展中扮演着重要的角色；水生蔬菜对满足我国名特蔬菜供应、丰富国内春夏淡季蔬菜市场以及出口创汇具有重要意义。水生蔬菜在长江流域及其以南区域适宜大规模种植，在调整农业结构、促进农民增收、农业增效和农村环境增美等方面发挥了重要作用。随着社会经济的发展和人们生活品质的提升，水生蔬菜以其特有的口感和营养价值，受到越来越多人的喜爱。

二、水生蔬菜的种类及作用

1. 种类

我国栽培的水生蔬菜主要有 13 种，包括莲藕（*Nelumbo nucifera*）、茭白（*Zizania latifolia*）、水芹（*Oenanthe javanica*）、荸荠（Eleocharis dulcis）、慈姑（*Sagittaria trifolia*）、芡实（*Euryale ferox*）、菱角（*Trapa natans*）、莼菜（*Brasenia schreberi*）、蕹菜（*Ipomoea aquatica*）、芋头（*Colcasia esculenta*）、蒲菜（*Typha latifolia*）、豆瓣菜（*Nasturtium officinale*）、蒌蒿（*Artemisia selengensis*）。

13 种水生蔬菜，在植物分类学上分属于不同科、属。其中，莲藕属于睡莲科莲属、茭白属于禾本科菰属、水芹属于伞形花科水芹属、水蕹菜属于旋花科牵牛属、莼菜属于睡莲科莼菜属、菱属于柳叶菜科菱属、荸荠属于莎草科荸荠属、慈姑属于泽泻科慈姑属、芡实（鸡头米）属于睡莲科芡属、水芋属于天南星科芋属、豆瓣菜（西洋菜）属于十字花科水田芥、蒲菜（水烛）属于香蒲科香蒲属、蒌蒿属于菊科蒿属。

2. 分类

按食用器官分类：分为水生叶菜、茎菜和果菜类。叶菜类包括莼菜、水蕹菜、水芹、豆瓣菜；茎菜类包括茭白、蒲菜、莲藕、慈姑、荸荠、水芋；果菜类包括菱角、子莲、芡实。

按生态学分类：按照各种水生蔬菜作物对生态环境的不同要求进行分类，可将水生蔬菜作物分为浅水沼泽型喜温菜类、浅水沼泽型喜凉菜类、浅水湖荡型喜温菜类、深水湖荡型喜温菜类。

浅水沼泽型喜温菜类，这类蔬菜一般只适于在热带和亚热带的浅水沼泽和平原低洼地生长，水位深度不宜超过 20～30 cm，性喜温暖，15 ℃左右开始萌芽生长，20～30 ℃生长最适，不耐 5 ℃以下低温和霜冻；属于这类蔬菜的有荸荠、慈姑、茭白、水芋、水蕹菜和蒲菜，都行无性繁殖，冬季地上部枯死，常以地下茎和休眠芽留存土中越冬。浅水沼泽型喜凉菜类，这类蔬菜一般适于亚热带和温带浅水沼泽和平原低洼地生长，但性喜冷凉，适于在 10～20 ℃生长，不耐 30 ℃以上高温，能耐 0 ℃左右霜冻；常在夏季高温下进入休眠，秋季转凉，温度降到 25 ℃以下重新萌芽生长，属于这类蔬菜的有水芹和豆瓣菜。浅水湖荡型喜温菜类，这类蔬菜一般适于热带和亚热带的浅水湖荡、滩头和池塘等水面生长，要求水位深度常在 30～100 cm，且涨落较平缓；对温度要求与浅水沼泽型喜温菜类相似；以种子或无性器官休眠越冬，属于这类蔬菜的有浅水菱角、浅水藕、芡实和莼菜。深水湖荡型喜温菜类，这类蔬菜适于在热带和亚热带较深的湖荡、河湾和池塘等水面生长，要求水位深度 80～180 cm，对温度要求与浅水湖荡喜温型相似；属于这类蔬菜的有深水菱角、深水藕。生态学分类较能反映各种蔬菜对生态条件要求的主要差别，可供安排水生蔬菜的生产布局和采取相应的技术措施时参考。但仍需参照栽培制度以及各自的生理特性，才能掌握得比较全面。

3. 水生蔬菜生理特性

适应水湿环境，不耐干旱；生长期间必须保持一定水层和水位，一般生长前期需水较浅，生长后期需水较深；水生蔬菜栽培常年水位变化在 10～50 cm，最大不超过 100 cm。多数水生蔬菜性喜温暖（除水芹和豆瓣菜性喜冷凉外），要求无霜期长。根系不发达，根毛退化；通气组织十分发达，机械组织不发达。适宜于比较肥沃、深厚的土壤中生长。茎叶一般比较柔软，抗风力较弱，栽培上注意防风。生育期较长，用种量大，繁殖系数低，多采用无性繁殖，即利用根茎、球茎和地上茎等作繁殖材料。

4. 作用

（1）营养价值。水生蔬菜具有独特的口味、丰富的营养和保健功能，一般含有 5%～25% 的淀粉、1%～5% 的蛋白质，以及多种维生素、矿物质等，营养价值很高。其中，维生素和矿物质是人体必需的营养物质，对人体健康有着重要的作用。水生蔬菜还具有很高的药用价值，其中部分是重要的药材，具有医疗保健功能。

（2）生态价值。水生蔬菜不与粮争地，可充分利用湖塘、沼泽、低洼湿地、水田等资源进行生产，在消除和减轻保护地蔬菜的盐碱化、改善鱼塘生态环境、景观设计等方面也发挥着独特的作用。

（3）水生蔬菜的市场前景。随着人们生活水平的提高和健康意识的增强，水生蔬菜的市场需求也越来越大。在中国，水生蔬菜已经成为一种非常受欢迎的健康食品，市场潜力巨大。

第二节　水生蔬菜生产状况

一、水生蔬菜生产状况

中国是世界上水生蔬菜采集利用最早、驯化栽培历史最悠久的国家。我国水生蔬菜产业主要分布在长江流域及其以南各地，主要包括江苏、湖北、湖南、浙江、广西、江西、安徽、四川等省份（自治区）。长江流域河流、湖泊众多，水网密布，湿地资源十分丰富，年平均气温 15 ℃以上，无霜期长达 210 天以上，这一区域属亚热带季风气候，光照充足，雨量充沛，具有发展水生蔬菜的优越地理气候条件。水生蔬菜生育期都较长，一般都在 150～200 天，要求温暖，不耐低温，一般在无霜期生长，多为春种秋收。水芹和豆瓣菜较耐寒，长江流域可作越冬栽培。我国现已形成了以长江流域为核心，珠江流域、黄河流域为主要产区，辐射全国的水生蔬菜产业格局。自 20 世纪 90 年代，我国水生蔬菜种植面积不断扩展，规模化、产业化生产发展迅猛，2020 年我国水生蔬菜栽培面积已达 100 万 hm^2 以上 ［年栽培总面积 1 100 万亩（1 亩≈666.7 m^2，全书同）以上，约占全国蔬菜总面积的 3.7％］。年总产值超 600 亿元，在农业增效、农民增收、农村环境改良等方面作用显著。其中，栽培面积最大的是莲藕，栽培面积达 60 万 hm^2 以上，主要在湖北、江苏、山东、安徽、湖南、广西、四川等地栽培面积较大。茭白在浙江、安徽等地栽培面积较大；荸荠在广西、安徽等地栽培面积较大；芋头主要在江苏、四川、湖北、山东等地栽培面积较大；芡实主要种植于江苏、安徽、江西等地；水芹、慈姑、菱角、豆瓣菜、莼菜、蒲菜等虽然栽培面积相对较小，但都是各栽培地区的特色蔬菜。我国水生蔬菜绝大部分出口。莲藕、茭白、慈姑、荸荠、芡实、菱角、莼菜等水生蔬菜的加工产品均已出口到国外市场，遍及日本、韩国、东南亚及澳洲、北美、欧盟等国家和地区，其中日本市场是中国主要水生蔬菜出口最大最稳定的市场，深受广大消费者喜爱。

一直以来，我国特色蔬菜品种以传统型地方特色品种单一栽培为主，随着产业规模不断扩大，加强水生蔬菜种业产业化技术体系建设，特别是开展水生蔬菜-渔综合种养理论和应用技术的探索研究，有利于促进水生蔬菜可持续、高效、绿色生产。同时，经营主体还要注重于产品品质和价值的提升、经营价值的增值，延伸种苗供应、栽培技术、冷链贮运、精深加工和销售等一体化，加强一二三产业融合，形成健康的产业链，提高产业的抗风险能力，才能保障农产品效益可持续增长。

当今我国水生蔬菜生产发展的趋势是：从分散经营向规模化发展、从粗放型转向集约型发展、从传统农业到生态农业发展、从露地栽培到设施水培栽培发展、从单一栽培向综合种养发展、从重视栽培向新品种选育以及标准化发展、从人工栽培农业生产向专用机械农业发展、从鲜销向保鲜精深加工发展。

二、水生蔬菜-渔综合种养概况

1. 水生蔬菜-渔综合种养意义

水生蔬菜综合种养是指在培育水生蔬菜的基础上引进一种或多种动物，以增加水田湿地的物种多样性，养殖动物与水生蔬菜互惠共存，使生态、经济效益得以提高，达到"一水两用、一田多收"的目标。传统的养殖模式，存在养殖自身环境污染大、产品质量安全隐患多等问题；而现代菜鱼共生的品种较为单一，且多需利用高成本设施设备进行生产，限制了该项技术的广泛推广。我国长江中、下游湖区多，水资源丰富，具有发展水生蔬菜、鱼、虾得天独厚的资源优势，当前长江中下游水生蔬菜、水产鱼虾种植养殖已发展到相当规模，但单一的模式效益低下，抗市场风险能力较弱，环境污染也时有发生。发展高效种养结合生产，对进一步促进水生蔬菜、鱼虾产业的高质量发展具有重要的现实意义，具有广阔的市场应用前景。利用自然塘口、低洼湿地和水田，水生蔬菜-渔综合种养生产不仅给种植结构调整提供了新思路，不需要大型的设施和投入；从实践来看，还是生态经济效益、农民积极性"双高"模式，是农业结构调整优化的又一成功探索。因地制宜调整种植结构，积极实施"化肥使用量零增长""耕地质量提升"等绿色发展理念，推进耕地用养结合、削减农业面源污染、改善农田生态环境、保障农产品安全，高度契合国家"农村增绿"的战略构想；菜渔综合种养有利于探索出城乡特色农业、水田综合种养等结构调整和绿色、高质、高效的模式。

鱼类等淡水动物的生产期一般从 4 月持续到 11 月，这段时间里，密密麻麻的水生蔬菜植株和菜叶就像一把把遮阳伞，让湿地水温保持在适宜的温度，鱼类在水下稳定生长；农田、池塘内丰富的浮游生物可供鱼类等食用，水生蔬菜也有着较强的净化能力，鱼类等生活在这样的水体环境中，不仅有充足的营养保障，病害也很少发生。

菜鱼共生，两者之间相互利用、相互补充，并且观赏性很高，体验性很强，是一种增收的新思路。菜渔综合种养模式是一种创新经营方式，水生蔬菜既是主要的经济作物，又是典型的文化植物，是湿地农业景观设计中重要的要素之一，其文化内涵非常丰富；生产中可紧扣"菜园""果园""公园"三个主题，结合美丽乡村建设项目积极发展休闲旅游农业，集中连片的水生蔬菜基地是乡村休闲旅游的好去处，"研、学、旅、行"好基地；可顺势而为打造特色农产品、农家乐餐厅及乡村民宿，形成知名地域品牌。提高生产企业的竞争力和影响力。

2. 水生蔬菜-渔综合种养生产概况

水生蔬菜综合种养对改善水田生态环境的作用非常突出，不但能够增加水田单位面积的产量，而且具备了改善水土理化特性、水体生态环境、增加水田微生物多样性、高效防治水田病虫草害等许多方面的优点。研究表明，水生作物与水产（水禽）养殖相结合的综合种养模式，改变了传统水生作物、水产动物单一的种养模式，更加注重整体种养环境的创设、绿色种养原则的落实以及种养产品的优化选择，具有较高的资源利用效率和系统生产力，可显著提高生态效益和经济效益，是保证洼地湿地粮食安全、促进农业可持续发展的有效途径。例如，研究表明，池塘菜鱼共生养殖模式与传统养殖模式相比，平均亩产能提高10%，节约水电成本投入约30%，鱼药成本投入50%左右，病虫害显著减少，鱼类品质有一定程度改善，综合生产效益可提高30%～80%。近年来，利用相关的设施设备，开展水产养殖与无土栽培的互利结合菜鱼共生模式，在世界各地快速发展。该技术自20世纪70年代开始萌芽，经由1990—2010年在全球平稳发展期，在近10年迎来了快速发展阶段。一项调查显示，截至2017年，全球菜渔综合种养市场销售额已经达到5.34亿美元，此后预测将以年复合增长率15.9%增长，至2026年达到20.16亿美元。我国水田分布十分广泛，首要以生产水稻为主。部分地区利用水田、滩头、湖泊等生产水生蔬菜特色作物，其中莲藕是我国种植面积最大的水生蔬菜，全国种植面积达50万 hm² 以上，主要集中在江苏、湖北、福建、江西、浙江、湖南等长江中下游地区。利用野外自然的湖泊、塘口、湿地、稻田等开展水生蔬菜-渔综合种养，在水生蔬菜中以莲藕田面积最大，其次为茭白、水芹、水蕹菜、菱角、莼菜等应用较多，而在其他几种蔬菜上应用较少。国家特色蔬菜产业技术体系调研结果显示，莲藕-小龙虾综合种养技术已经在安徽、湖北、山东等地推广应用，2019年推广面积逾4.67万 hm²，其中湖北省约1.0万 hm²、安徽省约0.8万 hm²、山东省约0.6万 hm²，平均产值8 000元/亩。据统计，浙江余杭、余姚等地农户在茭白田中套养中华鳖，平均收入比单种茭白增加1.5万元/hm²，其茭白平均产量较未套养中华鳖的茭白田增加9.24%，提升的经济效益非常可观。2021年仅缙云县茭-鸭共育面积就达3万亩，亩产值2万元，从事相关产业的农民超过3.5万人，成为知名的特色乡愁产业。

第三节　菜-渔综合种养基本要求

因地制宜是搞好菜-渔综合种养的基本要求。对于水田、池塘的选择，不仅要考虑水生蔬菜种植，同时要兼顾鱼类等水生动物的生长环境。应选择本地的特色鱼类、传统鱼类或适合在当地生长的鱼类，并根据自身的环境条件重点确定几种养殖的水产动物；各地开展菜渔综合种养生产，还要考虑到市场的需求、产品的销售等问题。通常来说，水源充足、排水和灌溉条件便利、干旱或洪水发生概率低、保水力强的低洼水田或者稻田都可以作为鱼类的养殖及蔬菜种植区域。

一、种养水田、池塘等环境条件的要求

水田、洼地、池塘生态种养既要满足水生蔬菜和不同鱼类的生长要求，又要有利于提高经济效益和生态效益。在全球绿色发展的大背景下，水生蔬菜首选以下几类湿地和水体开发：①规模化种植水稻不方便的田，如低洼田、冷浸田、深泥脚田、渹泥田、小丘田等。②难以单一开发养殖的水塘，如单口塘规模小、水利条件不太好、交通与区位条件一般。③难以高产养殖的水塘，如缺电、旱涝保收能力低的池塘。

1. 产地环境要求

一是水田产地环境条件应符合 NY/T 5010—2016《无公害农产品种植业产地环境条件》和 NY/T 391《绿色食品　产地环境质量》农业行业标准的要求。二是菜渔综合种养时，鱼类产量高低与水田适合养鱼的基本条件是分不开的，必须根据不同鱼类对生态条件的要求选好田块。菜渔综合种养的水田、池塘等，土质要求肥沃，有利于田池中天然饵料繁殖生长；土壤以保水力强，pH 值中性和微碱的壤土、黏土为佳。土质对鱼类质量有较大影响。在黏土底质的水域中养出的田鱼则体黄色，脂肪多，骨骼软，味鲜美。例如，水生蔬菜＋禾花鱼、水生蔬菜＋泥鳅共育模式，以选择土质柔软、腐殖质丰富、水源充足、排灌方便、水质清新无污染、水体 pH 值呈中性或微碱性的黏性土田块为好。又如，水生蔬菜＋小龙虾共育模式，以选择地势平坦或低洼，养殖面积较大且成片的田块为佳。此外，对于水生蔬菜＋蛙、水生蔬菜＋鳖、水生蔬菜＋黄鳝的生产模式，由于蛙类、鳖类和黄鳝喜欢在安静环境中栖息生活，因此养殖环境还应该选择远离学校、工厂、马路等僻静的稻田、池塘。

2. 产地水体要求

种养结合的水田应符合 NY/T391 绿色食品产地环境质量的要求；水田水质条件应符合 NY/T5361—2016《无公害农产品　淡水养殖产地环境条件》、GB5084《农田灌溉水质标准》要求。

具体来说，养殖水田、池塘等要求水源充足，水质清新，无污染；排灌方便，雨季不易淹没，旱季不易干涸集中连片，阳光充足的田块；同时要交通方便，有电力供应。小规模养殖可利用低产田块、低洼田地。如大规模菜鱼共生，选址应考虑水源有充分保证，但不被涝淹，没有工

业、农业废水排放，被农药污染水或低湿地下水不直接进入的地方。养殖场地附近应有河流、水库、塘堰或比较丰富的地下水，最好的是山泉水。最好能远离猪场、鸡场。猪场、鸡场的排污会渗透入地下水，可能造成地下水氨氮超标。在有条件的田块还可以在田边建造一个专用鱼种苗繁殖池（或暂养池）；水田水生蔬菜栽培具有很强的季节性，多数情况下养殖对象只能推迟放养，将水田和池塘养殖结合起来，建立"接力式"养殖模式，能发挥各自自身优势和综合性效益。

3. 种养水田、池塘面积的要求

在水田生态种养的诸多模式中，不同的菜-渔模式对水田的面积要求不尽相同。具体的情况，应根据种养模式及水田养殖面积的大小来决定养殖的规模；养殖面积可大可小，但有条件的地方最好集中连片，以便于管理。由于不同菜-渔模式中鱼类是按鱼体大小分区养殖，以防掠食打斗和相互损伤。一般情况下，以一个养殖单元来算，水生蔬菜＋蛙模式1.0亩左右为宜；水生蔬菜＋禾花鱼、水生蔬菜＋泥鳅（黄鳝）、水生蔬菜＋螺模式每个养殖区域以1～5亩为宜；水生蔬菜＋鸭、水生蔬菜＋鳖每个养殖区域以5～10亩为宜；水生蔬菜＋虾（蟹）每个养殖区域以10亩以上为宜。多数情况下，池塘、水田面积以5～10亩为一个种养单元为宜。这样便于统筹规划、统一投放、统一投饵、统一管理。

二、养殖水田工程建设

1. 田间工程设计

利用水田、低洼湿地等进行种养结合的，田间工程的建设主要有四项，即：开挖鱼沟、鱼凼，加固加高田埂（池埂），开设养殖围沟，修建进、排水口和防逃围栏。利用池塘进行生产，菱角、莼菜、芡实等水生蔬菜采用池塘深水栽培法；水蕹菜、水芹菜一般是采用人工生态浮岛技术，于池塘水面浮栽。菜渔综合种养，在池塘中下层养殖鱼类，鱼类养殖的粪便及残留饲料为水生蔬菜提供营养，水生蔬菜净化水质、提高池塘溶氧，且成熟后收获进入市场销售或者可作为鱼类、家禽饲料。池塘种养结合这种方式不需要挖沟设凼。

利用稻田耕地开展菜渔综合种养，应严格按照2017年发布的行业标准SC/T 1135.1—2017《稻渔综合种养技术规范　第1部分：通则》要求，养殖沟坑占比不超过总种养面积的10%标准来实施，同时尽量缩小开沟面积，通过高埂、深沟、深坑等方式提高水体容量。

　　（1）开挖鱼沟、鱼凼。面积大的田块，在水田田埂内侧四周开挖环形沟，距田埂约 2 m 处开挖，沟宽 2.0～3.0 m、沟深约 1.5 m，坡比 1∶2。围沟需在适当的位置留出机耕道，方便机械自由进出（图 1-1）。田块大的，田中间需要挖"十"字形、"二"字形或"井"字形纵横腰沟，沟宽约 1.0 m、沟深约 0.8 m；养殖鱼类的田块还需开挖鱼凼，鱼凼面积 4～20 m²，深度 1.5～2.0 m，鱼凼与围沟、凼相通。环沟主要作用是放养的鱼类、两栖类、禽鸭类饵料的投喂和收鱼时起到聚集的作用；同时达到鱼类夏季能避热，冬季能躲冷的效果。养殖沟作为水田中间鱼、鳖、螺、虾等的阳光通道，还有利于提高鱼类的品质质量，减少"青苔螺""黑壳虾"的产生。环形沟、田间沟和鱼凼的面积约占水田总面积的 10%。

　　（2）加固加高田埂（池埂）。开挖环形沟的泥土可以垒在田埂上夯实，加高、加宽、加固田埂，确保田埂高于田面 0.5 m，顶部宽 2.0～3.0 m。田埂内设平台，并在水田边设置小堤埂，以便为鱼类有足够多的栖息场所，同时起到隔离围沟和水田的作用。但实际操作中也可以简化省略。

　　（3）开设养殖围沟。根据养殖水田面积大小，开设养殖围沟。面积 3 亩以内，仅开设围沟；面积稍小的水田（2 亩以内），在每丘水田三边（两宽一长）养殖围沟呈"∏"形；面积稍大的水田（3～5 亩），在水田周边开设"口"字形围沟，中间适当设置腰沟；养殖围沟宽约 2.0 m、深约 1.5 m。水田中间为垛田，用于种植水生蔬菜；在水田宽边较低处设置进排水口（在养殖沟中设置专门的排水溢洪防逃装置）。养殖水田的结构见下图。平原地区面积 5 亩或以上的田块，除开设围沟外，还需开设鱼凼，并根据情况需开设腰沟。

　　大面积种养结合的水田工程技术创新：一是在环沟内侧（田间平台外侧）增建小田埂，田埂高、宽均约 30 cm。优点：旋耕整地避免厢面平台泥土掉入围沟造成淤塞等；水生蔬菜移栽后保水活棵，暂时隔离田面平台和围沟，防鱼虾侵苗；用药施肥，避免农药肥料等投入品进入围沟，损伤鱼虾等（图 1-2）。二是在田埂边围沟外侧设约 0.5 m 平台。优点：保障人身安全；避免饵料浪费；提供活动场所；提供繁殖场所；养蛙、养鳖等提供食台（图 1-3）。

　　（4）修建设进、排水口和防逃围栏。在每个养殖区域的水田或池塘两端的位置分别用直径为 30 cm 的暗管安装好进、出水口，并在水田进、排水口和田埂上安装防逃设施，进、排水口要对角设置。在进、排水口

图 1－1　水田围沟工程设计俯视图

图 1－2　水田围沟工程设计实景

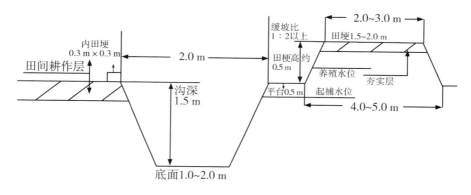

图 1－3　水田围沟工程设计横切示意图

安装金属丝网或尼龙密网，进水口用 80 目以上的筛网过滤，防止野杂鱼、水蜈蚣、福寿螺、青苔孢子进入。排水口用 10 目的筛网封口，防止亲本繁殖田的受精卵及水花鱼苗排掉或逃逸。

在田埂周围用瓷砖（次品、尾品）、硬质钙塑板，或乙纶网片与硬质塑料薄膜合缝的围栏，其高 50～100 cm。围拦在池塘或水田拐角处呈圆弧形。

其他辅助设施：根据所养殖动物的生理习性，在养殖区域内设置相应的装置。例如：水生蔬菜-鳖综合种养模式，养殖田间需按面积大小设置一定数量的晒背台和饵料台；水生蔬菜-蛙综合种养模式，在养殖田围沟的外侧需安放食台（即在每个养殖区域的防逃网和围沟之间留出部分空隙供安放食台用）；水生蔬菜-鸭综合种养模式需在养殖田中设置鸭棚等。

2. 养殖水田、池塘消毒

投放鱼苗前 20 天左右，每亩用生石灰 100 kg 化水后全池（全田）泼

洒，清除敌害生物。田间要求水域 pH 值为中性或微碱性，pH 值在
7.0～8.0 为宜。石灰消毒一般在冬季进行，清田（塘）有利于清除野杂
鱼，可消毒杀菌，同时可降低土壤镉含量。也可采用茶枯水清野消毒，
具体方法为：每亩 25 kg 敲碎后用水浸泡 24 小时，再加水，全田均匀泼
洒。消毒后，投放鱼苗前，先用少量鱼苗试投，为后续规模投放鱼苗
试水。

3. 栽植水草

俗话说得好：鱼（虾）多少，看水草。养鱼（虾）先养草，水草可
作为饵料供鱼类等食用，同时对养殖系统水质起到净化作用，还是鱼类
栖息躲避天敌的场所。在田间养殖沟中适度栽植水生植物，池塘浮水栽
培水生蔬菜进行种养结合的，可根据实际情况决定是否补充栽植水草，
水田消毒约 5 天后，在沟内移栽水生植物，如轮叶黑藻、苦草、伊乐藻、
菹草等。覆盖面积占沟面积的 20% 为宜；悬浮水草须用竹框固定，水草
过多过密须及时疏理，过稀应及时补植和投放。栽植的水草（浮水、沉
水植物）占水体总面积 25% 左右。

三、水生蔬菜-渔种养关键点与注意事项

1. 水生蔬菜-渔综合种养关键点

（1）因地制宜，重视田间工程建设。种养结合的水田环沟开挖要到
位，要设置深水集养区，防止用药时鱼类没有地方躲避和缺少活动空间；
池塘或水田田埂、外圩要宽大坚固，不渗不漏，防逃设施要完好，防止
暴雨时逃逸。每个养殖区域都应设置单独的进排水口。

（2）注重田间鱼苗种质量。鱼苗苗种要求来源于池塘养殖，从天然水
域收购鱼苗种要特别谨慎，药物诱捕的鱼苗成活率低，且有药物残留。

（3）生产期间加强对天敌的防控及放养动物的防逃工作。敌害主要
是鸟类、秧鸡、蛇、老鼠、黄鼠狼、野杂鱼等。

（4）水生蔬菜-渔综合种养，莲藕、茭白、水芹、水蕹菜等病虫害采
用绿色防控技术。

（5）水生蔬菜＋N 共作时空耦合。除水芹和豆瓣菜外，其他水生蔬
菜约 4 月中下旬移栽，6 月至 11 月陆续收获，全生育期在 130～170 天。
小型鱼类以放养夏花为主，中大型鱼类以放养秋片鱼苗为主；生产期间
视情况适当增补饵料，饲养 70～80 天可成商品鱼。水生蔬菜-渔综合种养
以放养肉食和杂食性鱼类为主；如果放养草食性鱼类，早期则对水生蔬

菜嫩茎、根系有啃食现象，必须注意放养时间（错开嫩茎生长期），控制好鱼苗放养数量和大小；或进行适当的隔离。生产实践中，采取何种水生蔬菜进行生产，需根据环境情况、栽种方式、养殖动物、市场需求和经济价值等多种因素确定。

2. 水生蔬菜-渔综合种养注意事项

在生产实践中时，要注意以下 6 点：

（1）利用自然的湿地、水田、沼泽、池塘等进行生产，均采用外塘养殖模式，而非高成本的设施设备进行鱼菜共生生产。开展综合种养，水生蔬菜具体采用露地入土栽培方式还是浮水栽培方式需要根据具体实际情况而定。入土栽培，养殖沟坑面积的设置不能超标；浮水栽培的蔬菜浮床应整齐排列或固定好位置，浮床面积占池塘面积约 10%～40% 不等，形成"水上田园"。

（2）苗种来源。水生蔬菜池口苗种来源主要有两个途径：一是靠原亲本池口的自繁苗。二是就近到不同地区正规的公司收购亲本或鱼苗，亲本最好是来源于不同的地方；以采用原池口自繁留苗为主。

（3）综合种养适宜一定面积的规模化发展。集中连片的水田才能充分发挥综合效益；原则上经营的规模面积不能低于 15 亩，不超过 300 亩。农户的水田大多是分散的、不集中，不太适合；面积过大，管理不到位，以及暴发性病虫害发生，风险增大，也不适合。

（4）进行标准化生产。生产前最好根据实际情况，将水田划分成若干标准化的综合种养单元，并建立相应的水田生产技术和水田工程标准。多参观学习，多总结经验。

（5）综合种养要注意做好防逃和防敌害生物，同时保证水生蔬菜和水产品的绿色、环保，搞好产品的销售工作。可以通过品牌化的运作，建立蔬菜和水产品质量监管技术体系，保证菜鱼产品的品质提升、品牌打造和价值开发，最终获得好的效益。

（6）综合种养应向产业链规模发展，形成产业经济。此外，还要注意与"农旅"及"研学旅行"相结合，提高其文化附加值。

3. 水田主要茬口安排

绝大多数水生蔬菜忌连作。轮作能降低病虫害的发生，改善土壤理化性质，提高产量。一种水生蔬菜可与其他水生作物或旱生作物配茬轮作，也可与鱼类种养结合轮作。但是水旱轮作对克服作物连作障碍有明显的效果。为减少病害的传播和保证水生蔬菜的产量和品质，菜渔综合种养田一般需 3～4 年轮作一次，改种其他作物。不同的水生蔬菜轮作的方式不同，采用轮作模式时，不同茬口的作物栽培基本各自独立，栽培实践中可以灵活应用。

（1）莲藕主要轮作方法。莲藕的水旱轮作模式在江苏、浙江、江西等地应用广泛，可与辣椒、甜瓜、黄秋葵、莴苣、草莓、小白菜、萝卜、大蒜、番茄、马铃薯、油菜等旱生蔬菜轮作。

例如：①莲-油菜。莲-油菜水旱轮作模式可利用当年新植莲田，也可利用连作莲田冬种油菜。新植莲田在 3 月下旬至 4 月中旬定植，连作田在 4 月中旬用拖拉机浅犁疏苗，10 月上中旬莲籽采收结束。9 月下旬油菜播种育苗，10 月下旬至 11 月上旬移栽，翌年 4 月下旬至 5 月上旬采收结束。5 月上旬至 10 月上中旬进行莲田管理，等莲籽采收后又可种植油菜。②菜-藕-稻。11 月份栽种芥菜，翌年 4 月收春芥菜，再栽早藕，7 月收早藕，插晚稻，11 月收晚稻，一年可三收。③大蒜-莲藕。莲藕 3 月中下旬至 4 月上旬定植，早熟品种 6 月下旬至 7 月中旬采收，中熟品种 7 月中旬至 8 月中旬采收。大蒜 9 月上旬分批播种，11 月中下旬至 2 月大蒜苗高 30 cm 时分批采收。

（2）茭白主要轮作方法。茭白栽培生产中宜与非禾本科作物进行 2～3 年轮作。茭白水旱轮作模式应用广泛，可与茄子、大球盖菇、黑木耳、西瓜、豇豆、瓜类、毛豆等轮作。

例如：①南瓜-茭白-樱桃番茄 2 年 4 收轮作模式。茬口安排，第 1 年 2 月至 6 月大棚蔬菜（笋瓜），7 月上旬至次年 6 月双季茭白，8 月上旬至 11 月樱桃番茄。②设施双季茭-丝瓜套种。在大棚双季茭白生产空闲期，通过设置栽培桩套种丝瓜，增加了一季丝瓜的收入，且丝瓜套种后能使 8 月高温期定植的茭白小苗得到很好地遮阴保护。

（3）水芹主要轮作方法。水芹的轮作模式在江苏、浙江等地应用广泛，可与辣椒、黄瓜、甘蓝、番茄、大豆、早熟毛豆、苋菜等旱生蔬菜轮作。

例如：①水芹-旱生瓜类等轮作。栗阳水芹 8 月中旬进行旱栽，10 月后逐渐培土软化，1 月至 4 月采收，接着种一季旱生蔬菜如果类、瓜类等。②水芹-早熟毛豆轮作栽培模式。水芹栽培方式为湿润浅植，于 7 月上旬定植，8 月中下旬开始采收，12 月末采收结束，一季共收 4～5 茬。毛豆在 3 月下旬至 4 月上旬播种，6 月中旬上市。

（4）水蕹菜主要轮作方法。水蕹菜与旱生蔬菜轮作模式。露地和设施栽培条件下均可利用水蕹菜与旱生蔬菜进行配茬栽培，可配置成很多模式。如水蕹菜与莴苣、水蕹菜与番茄轮作等。现生产应用较多的是江苏省利用水蕹菜进行设施蔬菜水旱轮作栽培模式，如：大棚春番茄-夏水蕹菜-秋莴苣水旱轮作栽培模式、大棚水蕹菜-莴苣水旱轮作栽培模式、设施草莓-水蕹菜水旱轮作模式、大棚西瓜-水蕹菜水旱轮作栽培模式等。此外，还有水蕹菜与旱生蔬菜套、间作多种模式。例如，湖南地区有早春大棚丝瓜-辣椒-黄瓜-水蕹菜间套作栽培模式、辣椒-丝瓜-水蕹菜间作栽培模式、芹菜-水蕹菜-苦瓜间作栽培模式、大棚早椒-水蕹菜套种栽培模式等。

　　（5）菱角、莼菜轮作方式。菱角、莼菜露地栽培占地时间主要为4—10月（或11月）。以菱角和莼菜栽培为主的田块，一般水体较深，适用于与部分作物轮作和种养结合。轮作模式包括菱角（莼菜）-水生作物、菱角（莼菜）-旱生作物。

　　例如：①菱角-水生作物轮作模式中，水生作物可以为莲藕或子莲（适应水深20～150 cm）、芡实（适应水深30～200 cm）、水芹（适应水深80 cm以下）、水蕹菜和豆瓣菜（浮水栽培，适应水深不限）等。②进行菱角设施浅水早熟栽培的田块，最大水深只需保持约40 cm，多数田块稍加改造即可实现，因而菱角适合与所有水生蔬菜、水稻及众多旱生蔬菜进行轮作。如菱角与旱生蔬菜轮作，有大棚金花菜-菱角水旱轮作栽培模式、大棚菱角-草莓水旱轮作栽培模式等。③菱角-芡实-鱼轮作。如菱、芡实与养鱼轮作，每年一熟制，适用于长江流域及其以南地区。菱和芡实均需选用耐深水的品种。先种菱，一般种植3～4年，植株生长衰退，产量降低，改种芡实；种植2～3年芡实后可再放养种鱼；养鱼的种类宜为食草性、非食草性及适宜不同水深的鱼种并存；养鱼2～3年后可又重新种菱，进行下一次循环轮作。另外，还有深水藕、菱角和养鱼多年轮作，适用于长江流域和华南地区。

　　此外，其他水生蔬菜也有不同的高效轮作模式。例如：荸荠-毛豆、荸荠-西瓜、荸荠-甜瓜、荸荠-莴笋、荸荠-红菜薹、荸荠-白菜、荸荠-青花菜；慈姑-甜瓜、慈姑-西瓜、慈姑-青花菜、慈姑-番茄、慈姑-蚕豆、慈姑-西葫芦；芡实-冬小麦、芡实-大蒜、芡实-莴苣、芡实-番茄、芡实-蚕豆、芡实-芹菜；水蕹菜-菜苜蓿、水蕹菜-草莓、水蕹菜-番茄、水蕹菜-秋莴笋、水蕹菜-菊花；芋头-冬季蔬菜、芋头-冬季绿肥、芋头-水稻等。

4. 生产上鱼类等养殖采用"繁养分离、轮捕轮放"技术

目前，可供水生蔬菜田（塘）养殖的经济动物种类很多，包括鱼类（如鲤鱼、草鱼、鲢鱼、鳙鱼、鲫鱼、罗非鱼、黄颡鱼、鳜鱼、斑点叉尾鮰、丁桂鱼、鲮鱼、麦穗鱼等）、虾蟹类（青虾、克氏螯虾、对虾、罗氏沼虾、中华绒螯蟹等）、龟鳖类（乌龟、黄喉水龟、七彩龟、鳄龟、九彩龟、银钱龟、中华鳖等）、鳅鳝类（泥鳅、台湾泥鳅、中华沙鳅、深黄大斑鳝和金黄色小斑鳝）、蛙类（牛蛙、黑斑蛙、石蛙、林蛙、美国青蛙、泰国青蛙等）、禽鸭类（绿头鸭、番鸭、麻鸭、金定鸭、北京鸭、湘黄鸡、桃源鸡、高脚鸡等）。

水生蔬菜＋N综合种养模式，生产中主要采取"繁养分离、轮捕轮放"的技术方式。如果采用"养繁一体、捕大留小"的生产方式，应该每隔3年清田（塘）一次。重新放养鱼种（苗），避免造成产量低，规格小、种质退化、品质差等严重问题。生产期间投喂的饲料，应遵循NY/T471—2018《绿色食品　饲料及饲料添加剂使用准则》。

第四节　菜-渔综合种养有害生物的防控

水产养殖的天敌防控是菜渔综合种养生产成败的关键。水田、湿地、池塘等所放养的鱼类、两栖类、禽类动物的敌害主要包括野生禽鸟类、黄鼠狼、蛇和老鼠，以及水中的野杂鱼和水体中的蚂蟥、水蚤（蜻蜓幼虫）、水蜈蚣、红娘华、田鳖虫、松藻虫以及有害藻类等。由于菜鱼共生，在同一空间有两种主体生物，常规防控方法受到制约，因此鸟、鼠、蛇、病、虫危害是浅水环境养鱼的瓶颈。通过多年实践，我们已经探索了整套防控方案，可以有效解决这个瓶颈。

一、鸟类防控

鸟类（鹭鸟、野鸭、秧鸡等）是水产养殖和菜渔综合种养的一大敌害，防范不力可导致鱼、虾、泥鳅等歉收，甚至全军覆没，特别是对培育鱼种、虾苗、鳅苗、蛙苗的模式危害很大。防范鸟类危害的措施有以下几种。

1. 安装彩带

在养殖田边围沟处约2.0 m的高度，布设纤维绳或铁丝，于铁丝上每隔30～40 cm捆扎固定彩色飘带，以驱赶夜鹭和白鹭等鸟类。

2. 布设天网

于养殖的田体上方约 2.0 m 高度安装尼龙布天网，此方式主要用于水田养鳅、水田养蛙以及田间高密度养鱼种苗繁育的田池。为节约罩盖天网花费的成本，可采用在田间养殖围沟水面上方搭建纱网的方法，这样可防止蜻蜓成虫飞入围沟产卵和鸟类捕食危害。纱网网眼大小约为一指宽，高度离养殖沟水面约 20 cm 安置；应在 3 月底前进行，即在蜻蜓产卵之前完成。安装纱网一定要注意保护野生动物，发现纱网截留、缠绕野生动物，应为野生动物解除缠绕的纱网，放生。

3. 栽植藤蔓植物

在田间养殖围沟边上种植蔓藤类瓜菜，如丝瓜、佛手瓜、豇豆、刀豆、扁豆等作物，既可收益又可防鸟。

4. 安设彩带或反光纸

田边成排安设彩带，分别安放于田的两边和中间位置，用竹竿均匀插在养殖田的两边和中间，用尼龙绳牵引，将彩带或反光纸固定于竹竿上，具有较好的反光效果，可达到驱鸟的作用。

5. 生物驱赶

田间放养狗和鹅。每亩饲养一只白鹅，对驱赶阻吓鸟类比较有效。面积较大的田块，在田块的不同位置分别放养鹅群和狗。

6. 超声波驱鸟

对于一些面积大而且鸟特别多的田块，可用超声波驱鸟器来驱赶，驱鸟器方便易购，可选择合适的使用。

7. 安装智能激光驱鸟器

这是目前最适用的防鸟装置，传统方法不大可靠或效果甚微。

8. 驱鸟剂（气味）驱鸟

驱鸟剂多数是绿色无公害生物型的，驱鸟剂一般采用纯天然原料，加工而成的一种生物制剂，布点使用后，缓慢持久地释放出一种影响禽鸟神经系统、呼吸系统的特殊清香气味，鸟雀闻后即会飞走，在其记忆期内不会再来。驱鸟剂的特点：使用方法简单；驱鸟效果显著、时效长，一次使用驱鸟时间在 15～20 天，并且对各类鸟有很好的驱赶效果；全无毒、绿色环保，驱鸟剂具生物降解性，对人畜环境绿色无公害。

驱鸟剂的主要分类：原油驱鸟剂、颗粒驱鸟剂、水剂驱鸟剂、粉剂驱鸟剂、膏状驱鸟剂等。使用方法：①原油驱鸟剂。将原油置瓶内悬挂使用，5 mL 的驱鸟剂持效期可达 30 天以上。②颗粒驱鸟剂。小棵作物撒布或放堆，高棵作物用纱布等包颗粒悬挂使用。③水剂驱鸟剂。兑水零星喷雾或挂瓶使用。④粉剂驱鸟剂。拌种或兑水喷雾使用。⑤膏状驱鸟剂。涂抹使用。相关的驱鸟剂可从网上购买。

二、黄鼠狼、蛇、田鼠等防控

与普通稻田防鼠防蛇技术不同，应该以绿色生态技术防控黄鼠狼、田鼠、蛇的方法为主。

1. 农业防治

结合农田基本建设、调整耕作栽培制度等农业技术措施，包括整修田埂、沟渠，清除田间杂草，减少害鼠栖息空间，恶化害鼠生存和繁衍环境，以达到降低鼠密度的目的。

2. 物理防治

采用捕鼠夹、捕鼠笼、粘鼠板、电猫等器械捕杀害鼠，采用 TBS 技术即捕鼠器＋围栏组成的捕鼠系统捕杀害鼠。安全操作各种捕杀工具，避免对人畜造成伤害。

3. 生物防控

每 10 亩养 3～5 只鹅、1 只狗，两种动物在田间分两边放养，可以达到驱赶黄鼠狼、田鼠和蛇的效果。还可在田埂边栽植一些"驱蛇草"，如凤仙花（一年生草本）、蛇胆草（学名石蒜，为多年生草本）、野决明（多年生草本）、土荆芥（一年生或多年生植物）、望江南（灌木）等。

4. 化学防控

田间不能采取化学防治方法，以防止伤鱼。可用毒饵放于田埂上诱杀，即在田间养殖沟的四周安放荧光驱蛇粉、干撒漂白粉、硫磺等药物，驱除蛙、鼠、蛇等敌害动物，并封堵其洞穴，并及时清除被毒死的老鼠和余下的毒饵，以防对水中的鱼类产生毒害。

三、水体害虫、野杂鱼的防控

防鸟类等危害之外，水田、池塘综合种养对水体中敌害生物的清除也很重要。在鱼类养殖过程中，应注意清除龟、蛙、乌鳢、蚂蟥、水蜈蚣、水蚤、田鳖、松藻虫、红娘华等敌害生物。

(一) 预防

清田（塘）是水生蔬菜-渔综合种养的重要环节之一。对于养殖时间长的水田或池塘，养殖前必须要彻底清理田块，清理田间养殖沟中的淤泥，杀灭野杂鱼、害虫等，这样可以保证养殖动物有良好的生长环境。清田的方法有如下几种。

1. 过滤网预防

水田、池塘综合种养田间的进排水管安装网眼较密的尼龙网格，进水管 60 目以上的过滤网，排水管 10 目以上封口网，扎紧，长度在 1 m 以上为好。这样的标准保证尼龙网进排水功能不太大也不太小，一方面可以防止过滤网堵塞，同时也避免了缝隙太大，导致外来水源进来的野杂鱼鱼卵以及其他有害生物入池，也可防止养殖的鱼苗逃逸。需要注意的是进排水管口安装的尼龙网应牢固到位，不要出现破裂和松动的情况发生。

2. 生石灰清田（塘）

在修整水田工程结束后，选择在苗种放养前 2～3 周的晴天进行生石灰清田消毒。在进行清田时，池中必须有积水 10 cm 左右，使泼入的石灰浆能分布均匀。生石灰的用量一般为每亩 75 kg，淤泥较少的水田则用 50 kg。带水清田效果更好。生石灰在空气中易吸湿转化成氢氧化钙，如果不立即使用，应保存于干燥处，以免降低效力。

3. 茶粕（籽）饼清田

茶粕用作清田的药剂时，每亩水面平均水深 1 m 用量为 40～50 kg。用时将茶粕粉碎，放入木桶或水缸中加水浸泡，一般情况下（水温 25 ℃左右）浸泡一昼夜即可使用。加入大量水后，向全田泼洒。清田后 6～7 天药力消失。茶粕清田的效果：能杀死野鱼、蛙卵、蝌蚪、福寿螺、蚂蟥和一部分水生昆虫，但对细菌没有杀灭作用，为植物性的清田药，对环境较好，不会造成生态污染。茶粕原理：茶粕含皂角苷，可使动物红细胞分解（虾蟹类是血蓝蛋白），可以杀死杂鱼，但对虾、蟹类无害。注意：在虾蟹蜕壳时少用或不用。

4. 氯制剂清田

目前，市场上销售的氯制剂有漂白粉、优氯净（也叫漂白精、二氯异氰尿酸或二氯异氰尿酸钠）、强氯精（三氯异尿酸或三氯异氯尿酸钠）、二氧化氯、溴氯海因、二溴海因等。各种氯制剂有效氯含量不同，使用剂量也不同。漂白粉一般含氯在 30% 左右，经潮湿极易分解，放出次氯酸和碱性氯化钙，次氯酸立刻释放出初生态氧，有强力的漂白和杀菌作用。漂白粉使用量每立方米水中用 20 g。用法为将漂白粉加水溶化后，立即用木瓢遍洒全田，泼完后，用竹竿在沟内荡动，使药物在水体中均匀地分布，可以加强清田的效果。其他制剂可按说明书使用。使用时，先用水溶化，然后立即全田养殖沟泼洒，之后用船桨或木板等工具划动沟水，使药物在水中均匀分布。施药清田后一般在 5 天以后放鱼，可保证安全。

5. 注意事项

（1）清田（塘）效果与环境有很大关系。清田（塘）适宜选择晴天，这样温度较高，药物的作用比较强烈，能提高清田的效果。如果清田时，长期低温，清田药物难以降解，易沉淀在沟底，被土壤吸附，缓慢释放易导致所放苗种死亡。

（2）试水下鱼。由于水温的差异及各种水产动物对药物耐受程度的不同，放养前必须用所养殖水产品试一试（俗称试水），在证明清田药物毒性消失后，方可大批放养水产苗种。例如，可在养殖田的沟中放只小网箱，网箱内放几条小鱼，养上一两天，如果小鱼活动欢快自如，说明这田沟中消毒药性已净，可放鱼苗种。如果小鱼死了，或活动失调，说明药性未尽，应该暂缓几日再放苗种。

（二）控制和防治

1. 野杂鱼的防治

对于水体中的野杂鱼类的防控，放养前对田间水体消毒是根本，用茶饼或生石灰彻底清田。进水口要用双层 60 目纱网过滤，防止野杂鱼卵及鱼仔进入养殖的水田（池塘）是基本的保证。此外，水田综合种养期间发现田间或养殖沟中有有害的野杂鱼类应及时进行人为清理。

2. 水体害虫的防治

水产养殖中常见的水体害虫的主要种类如下：蚂蟥、红娘华（成虫）、负子虫（成虫）、水斧虫（成虫）、松藻虫（成虫）、龙虱［俗名水鳖（成虫）］、水蜈蚣（龙虱的幼虫）、水蛆（蜻蜓稚虫）等。特别是在培育鱼苗过程中，水体害虫危害性极大。这些害虫，有的残杀和捕食鱼卵、鱼苗；有的大量繁殖，消耗水中的氧气和养料，使鱼苗生长缓慢，甚至引起死亡。养鱼期间，对鱼虫进行人工捕捉和诱捕，如将鱼虾绳网放在水面，网内放些"鱼引"诱捕。在放养前全田泼洒生石灰，以消灭其敌害生物。鱼苗放养以后，则针对具体害虫分别泼洒敌百虫、灭虫精等，予以杀灭。但杀灭水中的有害虫类，往往会影响田间水中的浮游生物量。故对田中的有害虫类需要巧杀，具体方法如下。

（1）生石灰清塘。每亩水面施用生石灰 60～100 kg，溶水泼洒，适合以上一切害虫。

（2）灯光诱杀。红娘华、田鳖、水斧、松藻虫、龙虱和水蜈蚣等水陆两栖虫害都有一个共同的特性：趋光性。灯光诱杀的方法是用竹竿或木棍搭成方形或三角形框架，夜晚在框架内滴上煤（柴）油，然后点燃煤（柴）油灯或开启电灯，红娘华、水斧、松藻虫、龙虱和水蜈蚣等则趋光而至，接触煤（柴）油后就窒息死亡，也可用灭蚊喷雾剂喷洒。

（3）晶体敌百虫。每平方米水体用 90％晶体敌百虫 0.5～2.0 g，溶水全田泼洒；适合以上所有害虫。用 0.5～1.0 g/m³ 水花苗期间并无伤害，乌仔小苗可用 1.0 g/m³，但用量要精准；市售杀虫剂系列药物灭杀，须注意杀虫药使用说明上的"苗种禁用""苗种减半使用"的特别规定。虾蟹、淡水白鲳禁用；加州鲈、乌鳢、鲶、大口鲶、斑点叉尾鮰、鳜、虹鳟、胡子鲶、宝石鲈慎用。

（4）蚂蟥还可采用诱捕法。把干丝瓜络浸泡在新鲜猪血中，使猪血凝结在丝瓜络的孔隙中，傍晚时把浸猪血的丝瓜络放置在水田四周（以进排水口为主）及中央的水中，用绳子拴住固定在岸上，次日收集诱到的蚂蟥；或采用稻草或杂乱的纤维捆扎成把或团，浸泡动物血液晾干后入水诱集。也可利用竹筒，灌注动物血液，将竹筒的开口一端设法堵塞，再在竹筒壁上钻上若干小孔。在傍晚，将竹筒定点浸入田水中。蚂蟥闻血腥赶来取食，饥饿的蚂蟥体躯细长，易于钻入小孔，但吸饱血后体躯胀大，即不能出来，可人工收捕杀死。连续诱捕几天效果明显。水斧、田鳖等害虫，可用西维因粉剂溶水全池均匀泼洒防治。水蚤的防控，可以在田间的围沟水面上覆盖一层细网眼的纱网，蜻蜓就无法在水中产卵了。

四、青苔、有害藻类等防控

淡水水产养殖中常见的有害藻类有 5 种：青苔（一些丝状绿藻的总称）、微囊藻（铜绿）、裸甲藻、多甲藻和水网藻。这些有害藻类大量繁殖，会造成养殖环境的水质恶化，严重影响水产养殖品种正常生长，甚至引起水产养殖品种中毒死亡。

需要提醒养殖户朋友注意的是，选择杀青苔，一定要选择晴天，而且最好是连续保持 3～5 个晴天最佳，阴雨天杀青苔无论肥效还是药效都会大打折扣。另外必须坚持杀灭和下肥同时进行的方式，不然青苔难以根治。最后青苔要想根治，需要定期补肥。

以上是针对几种不良藻类的应对措施，水质管理也应防重于治，加强对水质的日常管理。在鱼类生长期间大量投饵季节，应保持水质的肥、活、嫩、爽。

1. 水生蔬菜-渔综合种养水域青苔防治

（1）青苔预防措施。预防主要从早期消毒彻底、控制青苔种子（孢子）入田、及时肥水3个方面进行处理。①在水生蔬菜收割完、平台没有上水之前，在平台使用1次杀藻产品来杀灭，等秸秆晒好之后再上水。将青苔孢子在没上水前杀灭，安全且效果好（建议上水前10～15天使用）。也可使用生石灰75～100 kg/亩化水趁热泼洒，杀灭青苔孢子。②为防止外源水中青苔进入田间，在进水口设置密网纱。此外，每亩套养规格长度为15 cm左右的草鱼15尾。③上水后迅速肥水，加速有益藻类的繁殖，降低水体透明度。避免阳光直射池塘底部而造成青苔大量滋生。冬季水难肥，水体脱肥之后就很难再肥起来，每间隔10天左右要肥水1次。有经验的可以视水色而定，适时追肥，控制水体透明度。

（2）青苔处理措施。青苔覆盖面超过20%，需及时处理；不及时处理，可能造成封塘。可先人工打捞大部分青苔；打捞后再连续使用两次腐植酸钠（0.5～1 kg）＋芽孢杆菌来抑制（局部点杀），间隔两天快速肥水培养浮游生物抑制青苔滋生，或者2 kg红糖＋1 kg肥水膏＋1支（1 kg）枯草芽孢来处理；如果放养的动物为虾蟹类，建议避开虾、蟹大面积蜕壳时段。待青苔死亡后及时使用有机酸解毒，水变黑后，可以使用过硫酸氢钾来净化水质；防止大面积死亡的青苔造成水体恶化。

（3）注意事项。①如果是青苔和低温导致的澄清水处理方案如下：将乳酸菌＋氨基酸＋EM菌一起浸泡过夜后在上午泼洒；第二天、第三天上午重复使用。高温期间建议"宜拖不宜杀"，例如，高温期虾或蟹塘中出现青苔时，青苔普遍停止生长多数进入腐败阶段，对水质有非常大的影响，处理不好会影响小龙虾的生长；应该先拉青苔，然后用改底产品改底，最后再使用芽孢杆菌、小球藻进行水质调节。如果稻田（或池塘）青苔封塘，药物杀灭风险较大，可将水田池塘水加满，先人工打捞出大部分青苔。②需要提醒养殖户朋友注意的是，选择杀青苔，一定要选择晴天，而且最好是连续保持3～5个晴天最佳，阴雨天杀青苔无论肥效还是药效都会大打折扣。另外必须坚持杀灭和下肥同时进行的方式，不然青苔难以根治。最后青苔要想根治，需要定期补肥。

　　2. 养殖水体蓝藻过多防治

　　（1）高温、pH 高、氮磷比失衡、水体流动性差是蓝藻产生的主要原因。持续晴天高温往往导致蓝藻迅速繁殖扩散，易产生毒素和急剧缺氧从而造成水生动物中毒或死亡。

　　（2）蓝藻水体的预防措施。利用食物链，通过在水体中放养滤食性的鱼类可以初步达到控制蓝藻的目的。放养一定数量的滤食性鱼类（如白鲢）是根治蓝藻暴发的首选措施（花白鲢虽然都是滤食性调节水质的鱼类，但花鲢偏重于动物性饵料食性，而蓝藻是植物性水生物质，恰好白鲢的食性则以植物性饵料为主食性，此处不言自明了）。

　　方法是虾塘可以套养白鲢大规格鱼种 10～15 尾/亩，或白鲢夏花 150尾/亩控制蓝藻。同时配合使用乳酸菌、芽孢菌等抑制蓝藻生长。

　　（3）蓝藻水体的控制。在现实养殖生产中，化学消杀法是目前的主要处理蓝藻的方法，利用能够杀藻的消杀类产品，是没得办法的办法，这些方法只是"治表"。采用杀藻剂的处理方法会造成蓝藻大量集中死亡，会引起鱼虾大量的不适应甚至死亡，所以，在迫不得已时杀藻后必须开机增氧或加水，以防不测；有条件的，大面积养殖最好在养殖水体预先设置好增氧设备。蓝藻大量暴发池塘或水田，不建议大量换水将蓝藻排出。

　　在治理上以菌抑藻为较安全有效的办法，通过大量使用有益菌快速去除蓝藻，如使用光合细菌搭配硫化氢氧化菌来分解蓝藻死亡后产生的有毒有害物质；或少量蓝藻时，及时使用乳酸菌＋芽孢杆菌，增加用量和使用频率。或选择晴天中午用生物蓝藻净泼洒，注意提前增氧。还可以用物理过滤法，使用小水泵抽水经 200 目筛绢过滤，移除蓝藻。

　　3. 养殖水体铁锈水的处理

　　（1）铁锈水的形成。一是铁锈水属于一种清瘦的水质，水表层具铁锈色油膜，有黏性，以变形裸藻和血红裸藻为优势种，因其色素为红色和橘黄色，加之趋光性强，常呈红色或褐红色。二是养殖水体底泥中的铁超标，随着底质的渗出进入到养殖水体，造成养殖水体中的铁超标；水体流动性小。三是使用了地下水作为水源，地下水中的铁超标，这种情况通常可以见到池塘的进水管道发红或者发黄。水源中含有较高的铁含量，水与空气接触，铁就会发生氧化反应，形成铁锈。

　　（2）铁锈水的危害。阻碍光合作用的进行，水中藻类死亡产生毒素，同时使鱼发病、水体肥度降低，并且阻断水体表层气体交换，水体溶氧降低，导致鱼缺氧死亡。

（3）铁锈水体的防控手段。①裸藻繁殖造成的铁锈水处理：晴天，使用强氯精或二氧化氯在表层油膜处干撒，将过盛的藻类杀死，晚上投放化学增氧剂，防止夜间缺氧。或在天气晴好的时候使用强氧底净＋底源康进行氧化分解，晚上使用"安进巨能氧"，加开增氧机进行增氧操作，防止夜间缺氧。由于藻类有趋光性，并且集中在水体的中上层，所以分解藻药物的计算仅仅考虑面积即可，使用泵抽取池塘表层水，排掉表层的裸藻。②重金属造成的铁锈水处理：进行水源处理，如果水源中含铁量较高，可以通过过滤、沉淀等方式去除水中的铁质物质。使用腐殖酸钠、硫代硫酸钠等络合掉水中过多的重金属，再进行培藻处理，培育水质优良水色。或使用底改酵素＋养水激活液、解毒应激灵液体型和藻毒分解素等，能够很好地与水中的重金属离子结合，达到处理铁锈水的目的，在养殖水体中应用得较为广泛。此外，让水体保持一定的流动性。

五、鱼类、两栖类、禽鸭类等病虫害防控

解决鱼类的病害问题。预防为主，从正规渠道购进苗种，种苗检疫合格。

一年中5—6月、8—9月是鱼病流行的两个高峰期。预防鱼病应重点抓好3项工作：一是冬季养殖水田消毒（生石灰、茶枯饼等），生产中定期用益生菌（如光合细菌、EM菌、利生素、芽孢杆菌等）调节水质。二是鱼种消毒，鱼种放养前，要用药物消毒，杀灭鱼体表的病菌和寄生虫。三是把投喂作为一个抓手，定期在饲料中拌些中草药，如鱼腥草、大蒜素、马齿苋、青蒿、车前草、板蓝根、三黄粉等粉碎好的药材；或使用"明白纸"中的安全药减少鱼类疾病的发生。如果是预防锚头鳋、车轮虫、烂鳃等，用中草药浸挂效果也不错，常用中草药有青松针、枫树叶、苦楝树叶、乌桕叶等，每月在食场浸挂1～2次，药要新鲜，浸水5～6天后要取出。禽鸭类放养前完成好育雏及相应疫苗的接种工作等。

需要注意的是，水产养殖中渔药使用方法应符合中华人民共和国农业行业标准NY/T755—2013《绿色食品　渔药使用准则》以及《水产养殖用药明白纸》（2020年1、2号）。

第二章　莲藕-渔综合种养技术

第一节　水田莲藕的种植

一、莲藕简介

莲藕（*Nelumbo nucifera Gaertn*）又名芙蓉、荷、藕、水芝、君子花等，为睡莲科莲属多年生宿根性大型水生草本植物，是我国种植面积最大的水生蔬菜，主要栽培在沼泽地。莲藕在中国已有 2 500 余年的栽种历史。目前，世界公认的藕莲和子莲等水生蔬菜主要分布在中国和周边几个国家，世界上 80% 以上的莲藕产于中国，因此被西方国家称为"中国特菜"。据不完全统计，我国莲藕种植面积达 60 万 hm^2，产量超 1 000 万 t。莲藕喜温好光贪水，不耐阴，忌大风，藕适于在炎热多雨季节生长。藕，是莲肥大的地下茎，莲藕微甜而脆，可生食也可做菜，富含淀粉、蛋白质、钙、铁及多种维生素等，具有很高的营养价值。莲藕的果实、种子、花、叶、地下茎各部分均为重要的传统中药材，其药用价值相当高。莲藕性寒，味甘多液，用莲藕制成粉，有清热凉血作用，可用来治疗热性病症；莲藕中含有黏液蛋白和膳食纤维，有助于通便止泻、健脾开胃；藕含有大量的单宁酸，有收缩血管作用，可用于止血散瘀。

二、莲藕的品种介绍及生物学特性

（一）种类品种介绍

莲藕的栽培种可分为藕莲、子莲和花莲三大类。以产藕为主的称为藕莲（地下根状茎），此类品种开花少甚至无花；以产莲子为主的称为子莲，此类品种开花繁密，但观赏价值不如花莲，子莲在长出 3～4 片立叶后，基本上是一叶一花；以观赏为主的称为花莲，此类品种雌雄多数为泡状或瓣化，常不能结实。花莲和子莲藕节短、细，肉质硬粗，藕丝很多，而藕莲则相反。花莲的主要特点是群体花期较长，花色、花型丰富。

1. 藕莲

藕莲是以莲藕根茎为主要产品器官的一类莲品种，按栽培水位深浅可分为浅水藕和深水藕。浅水藕（田藕）适于水深 5～40 cm 的低洼田、一般水田或稻田，最深不超过 80 cm，多为早熟种，如苏州花藕、慢荷（晚藕）、武植 2 号、鄂莲 1 号、鄂莲 3 号、湖北六月报、扬藕 1 号、科选 1 号、大紫红、玉藕、嘉鱼、杭州白花藕、南京花香藕、雀子秧藕、江西无花藕等。深水藕（塘藕）一般要求水位 40～100 cm，最深不超过 100 cm，夏季涨水期能耐 1.3～1.7 m 深水，宜于池塘、河湾和湖荡栽培，一般为中晚熟品种，如江苏宝应美人红、小暗红、鄂莲 2 号、鄂莲 4 号、湖南泡子、武汉大毛节、广州丝藕、丝苗等。我国生产上应用的藕莲类型莲藕优良品种主要有脆玉、脆佳、美人红、鄂莲 5 号、鄂莲 6 号、鄂莲 9 号等。

2. 子莲

子莲是以莲籽为主要产品器官的一类莲品种，子莲主要在江西、福建、湖北、湖南、浙江等十多个省大面积种植，如湖南的寸三莲抗病 1 号、寸三莲 65、湘莲 1 号等，湖北的鄂子莲 1 号，江西的太空莲 1 号、太空莲 2 号、太空莲 3 号、太空莲 36 号等，福建的建莲 17 号、建莲 35 号、红花建莲等，浙江的宣莲、志棠白莲、金芙蓉 1 号等。

3. 花莲

花莲又名水芙蓉，有大株型荷花品种、中小株型荷花品种两类。花莲的品种资源最多，荷花传统品种有 200 多个，栽培品种已有 300 多个，且新品种还在不断涌现。例如，如千瓣莲，花瓣在 1 000 瓣以上；古莲，它是被子植物中起源最早的种属之一，有"千年古莲子"之称；舞妃莲，它是一种非常典型的大型荷花；翠盖华章，它具独特的花色，是世界上花色最多的荷花品种；伯里夫人，花朵会变色，极具观赏性，是世界上最名贵的荷花之一；冰清玉洁，纯白色花，花蕾呈桃形，绿白色，开花早也较多。

（二）莲藕的生物学特性

1. 莲藕的组成

莲藕主要由根、茎、叶、花、果实等几部分组成。荷叶按其抽生先后大小、形态的不同，可分为钱叶（又称水中叶，结藕时已枯烂）、浮叶（漂叶，漂浮在水面叶较小）、立叶（直立于水中，柄有刺）、后把叶（大架叶、后栋叶；结藕的标志，最高大，柄有刺，叶面宽阔）和终止叶（卷叶，藕节上长出的最后一片叶，叶卷，叶小而厚，叶色浓绿）。无论是钱叶、浮叶或立叶，出水前均相对内卷成棱条状。立叶依生长早晚、大小、高矮、顺序表现出明显的上升阶梯和下降阶梯。

2. 莲藕的生育期

按照莲藕的生长发育规律，一般分为幼苗期、成苗期、花果期、结藕期、休眠期等 5 个时期。简单一点可分为以下 3 个时期：

（1）萌芽生长期。萌芽生长期，即从萌芽开始至第一片立叶长出水面为止的时期。一般在 4 月中旬至 5 月 20 日。由种藕提供养分。

（2）茎叶生长期。茎叶生长期又称旺盛生长期，立叶发生至后把叶出现。这一时期从小满前后立叶发生开始，到大暑、立秋前后出现后把叶为止，时间约为 2 个月。

（3）结藕、结实期。从后把叶出现到植株完全停止生长，叶片大部枯黄，藕身肥大充实为止，为结藕期；一般在 7 月 25 日至 9 月 20 日。

三、水田莲藕种植

莲藕的栽培种中花莲属于水生花卉，藕莲和子莲属于水生蔬菜；生产中莲藕品种的选择要根据用途因地制宜。

莲藕多以无性繁殖为主，如主藕繁殖、子藕繁殖、顶芽繁殖等；主藕繁殖是生产上较为常用的繁殖方式。种藕的形态结构要求单个种藕藕支的顶芽数量≥1 个、完整节间数量≥2 个、节的数量≥3 个，即"123 规格"。为了防治莲藕腐败病、褐斑病等病害，种藕在定植前按消毒药品说明书配制成溶液，进行浸种消毒。浸种 15～30 分钟后，将莲藕捞出来，用农膜严密覆盖，闷两小时，消毒工作完成。藕种从挖出到栽种要在 3 天内完成。种藕消毒：对种藕消毒，一般用多菌灵和百菌清 600 倍液等浸泡 10 分钟；或用 1% 石灰水浸泡 10 分钟。也可在定植前种藕用 50% 咪鲜胺锰盐可湿性粉剂 800～1 000 倍液浸种 1 小时或 98% 恶霉灵可溶粉剂 2 000 倍液浸种 30 分钟，捞起晾干后备用。种藕一般是随挖、随选、随栽，如当天栽植不完，应洒水覆盖保湿，防止叶芽干枯。在种藕的挖取、运输、种植时要仔细，防止损伤，特别要注意保护顶芽和须根（图 2-1）。

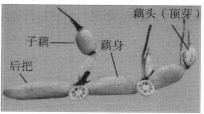

图 2-1 种藕的形态结构图

（一）种植技术

实行莲藕-渔综合种养，每块种养田面积宜为 5～20 亩。

1. 藕莲种植

选种的时候都要选择藕头饱满、顶芽完整、藕身肥大、藕节细小、后肥粗壮和色泽光亮的母藕或充分成熟的子藕作为藕种，种藕宜随挖随种。3 月初，整田深翻耕，晾晒半个月后撒石灰消毒，3 月底施基肥，旋耕后耙平，开条形沟，地温 12 ℃和平均气温 15 ℃时即可进行莲藕种植。莲藕适宜的种植时间为清明至谷雨（4 月 5 日至 20 日），此时地温基本达到 15 ℃；栽种莲藕时根据种藕长短，每 0.6～1 m 放 1～3 节，种藕藕头朝向田内或几行相对排列，但藕田四周的边行都要朝向田内，避免藕鞭伸出埂外。栽植时分平栽和斜栽，藕头入土的深度为 10～50 cm；斜插时，将后把藕节翘起 20°～25°，种藕栽植后，灌 5 cm 左右浅水，以提高土温，提早发芽。每亩种藕用量约 250 kg，行距 2.0～3.0 m，株距 1.5～2.0 m（图 2-2）。

2. 子莲种植

长江中下游地区在 3 月底至 4 月初定植（土层地温达 10 ℃以上，气温 12 ℃时）。子莲以采收莲子为主，根茎不发达，耐深水，成熟晚，结籽多。选择优耕层深厚，土质疏松肥沃的藕田，冬季翻耕晒土，开春旋耕沤田，把泥土泡透，再带水耕肥。选藕身粗壮、充分成熟、无伤的整藕作种，每株种藕需带 1～2 个子藕。早熟栽培时，可先进行催芽，然后栽植。一般每亩定植约 400 株，用种量为 200～300 kg。一般以 2.0 m× 3.0 m 株行距挖穴栽植；每窝 4～5 支。种藕斜插入泥中，将后把节朝上，顶芽略深埋；种植时不碰伤顶芽，各行种藕的顶芽朝向相互错开，边行藕头（顶芽）一律朝向田内。藕栽完后，应及时灌水保温，如发现种藕浮起或缺株，应尽快补栽。不同的子莲品种栽植密度不同，如"建选 17

号"生长势强，每亩莲回用藕量 120～150 支即可；株行距 3～4 m，每穴 2～3 支藕。子莲栽植后一般可连续采收 3 年，第 1 年生长发育不太旺盛，产量低，每亩约收干籽 30～40 kg；第 2 年生长旺盛，产量最高，每亩产量可达 50～100 kg；第 3 年生长衰退，每亩可收 40～45 kg。故 3 年后需挖去老株，耕田重新栽植。子莲的种植管理可参照 DB43/T 439—2019 规范执行。

3. 花莲种植

花莲又称莲花、观赏莲，其花色、品种极为丰富。其花型有单瓣、半重瓣、重瓣、重台和千瓣等，颜色有红、黄、白、紫、粉、复色和许多中间色。花莲以池塘和水田种植为主，要求池底和田底为自然泥底，底层填土必须达到 30 cm 以上，水田底距水面平均深度 0.2～1.2 m，水体酸碱度 pH 值为 5～8。新建水田底泥较瘠薄者，每亩可施用有机肥 500～1 000 kg，或每亩施用 30～50 kg 复合肥，使肥料与底泥充分搅拌均匀并进行表层覆土以防止对水质的污染。栽植前首先将田水放净，一般以 1.0 m×2.0 m 进行栽植，种藕时不碰伤顶芽，中间栽植的种藕顶芽朝向南方，周围边行藕头均朝向田内。轻插入泥中，栽植初期保持在 5～10 cm 水位，后期加水深度以浮叶漂于水面为宜，最后随着立叶的生长适当增加水深，以不淹没立叶为宜（30～80 cm）（图 2-3）。

图 2-2　新种莲藕 5～6 片立叶时期　　　　图 2-3　莲藕茎叶生长期

（二）田间管理

1. 水分管理

莲藕是水生植物，整个生长期都离不开水。夏季是莲藕花（荷花）的生长高峰期，对水分的需求量大，要防止缺水。浅水藕适合水位 10～20 cm，最大耐水深度 30～50 cm，深水藕适合水位 30～50 cm，最大耐水深度 1～1.2 m。

2. 施肥

莲藕喜肥，要施足基肥，以有机肥为佳，一般每亩施 2 000～3 000 kg 腐熟农家肥、150 kg 饼肥、70 kg 过磷酸钙和 80 kg 生石灰，底肥要全面撒施，翻入泥中。莲藕生育期长，一般追肥 2～3 次，第一次在立叶开始出现时进行，中耕除草后，亩施腐熟人粪尿肥 750～1 000 kg；第二次追肥在立叶已有 5～6 片时进行，亩施腐熟人粪尿肥 1 000 kg 左右；第三次追肥在终止叶出现时进行，这时结藕开始，称为追藕肥，亩施人粪尿肥 1 500 kg，饼肥 30～50 kg。喷施地果壮蒂灵可促使地下果营养运输导管变粗，藕身肥大，肉质脆嫩，水分多而甜。子莲开花时，是需肥的关键期，可在露水干后向莲叶下每亩撒施尿素 10～15 kg，但要避免 5—6 月莲叶密集时追肥而导致的花苞过少。莲藕-渔综合种养情况下，由于养殖动物排放的粪便可作增加田间肥料，施肥应根据田间莲藕生长的实际情况进行调整。

3. 病虫害防治

莲田病害主要有褐斑病、腐败病、叶枯病等，虫害主要有斜纹夜蛾、蚜虫、食根金花虫等；病虫害以绿色防控为主，可用农业、物理、生物防治的方法和选用对口无公害农药进行综合防治。

例如，4 月上旬开始，莲藕田埂上分批种植芝麻、向日葵等蜜源植物，保证莲藕生长期有蜜源，提高天敌的自然控制作用；4—5 月中旬，莲藕田放养体重 250～300 g 的鲫（鲤）鱼 200～250 尾防治杂草、浮萍；或者每亩放养 200～300 尾/kg 规格的泥鳅 3 000～4 000 尾防治食根金花虫；或者每亩放养体重 250～300 g 的甲鱼 80～100 只控制福寿螺。对于虫害蚜虫和斜纹夜蛾，可每 30 亩安装太阳能杀虫灯 1 盏、每亩悬挂黄板 20 张（黄板高度以高于藕叶 20 cm 为宜）进行防治；采取上述两项措施后，莲藕整个生长期基本没有害虫为害。考虑到是利用莲藕田进行综合种养，因此，农药使用应符合 NY/T 393—2013《绿色食品　农药使用准则》。此外，绿色防控其他措施：水旱轮作、选用无病藕种、合理密植、合理施肥（控制氮肥，氮磷钾配合，中后期适当补充钾肥）、土壤消毒，冬季田间彻底清除病残叶并集中烧毁均可以减轻病虫害。

四、适时采收

（一）藕尖采收

藕梢，俗名"藕梢子""藕尖"，又叫藕带、藕苗等，藕尖通常为白色、黄色、粉黄色，由根状茎顶端的一个节间和顶芽组成，长成后就成了荷叶荷花的茎秆。无论藕莲、子莲或花莲，新莲田一般不采藕带，2～3 年的座苑莲田要采摘，4 年以上重新更换良种。藕尖作为时令菜，产于初夏 4—6 月，最合适的采摘时间是春夏之交荷叶初展时。藕尖是初夏一道爽口的时令菜，但可采挖时间只有一个月左右。气温高的时候，每天藕尖都能生长 15～20 cm，每天 1 亩能采 2.5～3.0 kg。顺着刚长出来的嫩叶往下摸，找到藕节取出有顶芽的部分就是藕尖，因为藕尖脆嫩易折，采收藕尖时看荷叶往哪边长，手伸下去顺着藕簪头尖往下伸，直至摸到簪节为止，认准藕簪节生长的前方，用食指和中指将簪前藕带扯出水面，将藕簪节边的带折断即可。采收藕尖，结合疏苗进行，或作为疏苗的措施。

（二）子莲采收

子莲一般从 7 月起至 10 月陆续成熟，必须分次适时采收。7 月采收的莲子称为"梅莲"，8—9 月采收的称为"伏莲"，9 月下旬至 10 月采收的称为"秋莲"。梅莲和伏莲开花后 30～40 天成熟，秋莲 40～45 天以上。梅莲成熟时，莲蓬呈青褐色，干缩，子房孔格边缘略带黑色，充分张裂，摇动有响声，莲子壳呈灰黄或灰褐色，坚硬。伏莲因常受烈日照晒，莲蓬易变黑，当其已经变黑，部分莲子在莲蓬孔格中可以摇动时即可采收。秋莲在成熟过程中，温度较低，莲蓬不易变黑，只要呈灰褐色时即可采收。莲子成熟后一般每隔 2～5 天采 1 次，采收时，先每隔 2～3 m 开条道路，每次采收时沿同一路线进行，用手或带钩的竹竿采下莲蓬，然后敲剥出莲子，晒干，筛净杂质，贮藏。

（三）藕莲采收

1. 采收时期

莲藕采收过早影响产量，采收过迟品质下降，因此，应根据食用的需要来确定采收期。花香藕即刚长成型的藕，也叫嫩藕，这种藕的淀粉含量较低，具有鲜嫩甜脆的特点，在脚层叶黄绿色，中层叶深绿色，上层叶均已定型，整体中没有新叶出现时采收，以 9 月上旬为好，但此时采收会影响产量，只宜少量采收。中秋藕在中秋节前后采收，主要供应中秋节和国庆节市场，此时的脚层叶全部枯萎，中层叶色发黄，上层叶色呈黄绿色。红锈藕一般在 10 月中旬采收，因这时藕表面有铁锈色而得名，红锈藕内的淀粉含量较多，可作熟食用或加工成藕粉，到了 10 月底藕身转白，称为白锈藕，此时的藕淀粉含量丰富，除作加工和熟食用外，多余部分可贮存到翌年开春以后。如要留小藕作种，必须在 10 月底以后采收。

2. 采收方法

间隔采收，一般每 5 m 宽的范围，采收 3 m 宽，留存 2 m 宽不采。方法为直接用挖藕专用水枪将水下泥层中的莲藕冲出水面后采收，或在采收前两周放干田水人工挖掘采收。人工采收（非冲水设备冲水采收），采收时先找到终止叶，可根据终止叶与后栋叶之间的距离来估量藕的深浅，如终止叶与后栋叶之间的距离长，则藕头入泥深，反之则浅。采收莲藕时，用脚沿着叶柄向下踏至泥土里，先采收上层的藕，然后再采收下层的藕。采藕的操作方法是将藕身下面的泥土扒开，用右手抓住藕的后把，左手托住藕身中段，慢慢地把藕拖出来。采收时应注意保护好藕的后把，以防止藕节断裂，使泥浆灌入孔隙。下年还要继续留藕的田块，应将田坎四周 2 m 内的藕采完，田中间按照每采收 3 m 留 2 m 不采收，或具体视情况而确定采或留的幅度。采收的莲藕不忙洗泥，待出售前再洗，这样可减少变色，提高莲藕的新鲜品质。

3. 藕莲的贮存与运输

莲藕较耐贮存，冬季在室内可贮存 5 周以上，春季也能贮存 2～3 周。但需要贮存的莲藕一定要老熟，藕节完好，藕身带泥无损，藕节折断处用泥封好。莲藕在贮存和运输过程中不能堆放过厚，并应在藕面上盖一层稻草，注意常洒些水保持湿润，定期翻动，防止发热闷烂。

第二节　莲藕-渔种养模式

莲藕生长季长期淹水，利用水体资源养鱼，实现莲藕种养结合，可大幅提高生产效益。莲田适宜养殖的鱼类有鲫鱼、草鱼、鲤鱼、泥鳅、鳝鱼、中华鳖、青蛙、小龙虾、蟹等，其中以莲田养鳖、养小龙虾的莲-鳖、荷花-虾模式产值较高。

一、莲藕-锦鲤＋田螺种养模式

该模式为休闲农业的新方式，主打产品莲蓬采摘、花莲欣赏，锦鲤观赏、休闲摄影。该模式以种植花莲或子莲品种为主，便于游客采莲摄影赏花观鱼。

荷花的姿、色、香、韵兼备，经济用途广泛，文化底蕴深厚，一直是重要的主题水景植物。锦鲤是一种重要的观赏鱼类，体色鲜艳且多样化，素有"水中活宝石"和"会游泳的艺术品"的美称。锦鲤具有很高的观赏价值和经济价值。锦鲤容易繁殖和饲养、食性较杂，一般性养殖对水质要求不高，故受到养殖者的青睐。锦鲤需要的水层较浅，所以莲藕-锦鲤种养模式不失为一种最佳组合模式；两者之间相互利用、互相补充，并且观赏性很高，是一种增收的新思路。

1. 田间工程

该模式田间工程设计参照第一章第三节中的说明进行。但考虑到投喂、观赏和摄影、安全等环节，在花莲田靠近马路边的一侧应尽量设置较宽大的围沟或鱼凼，供鱼活动和取食，同时便于观赏；并对锦鲤主要的活动养殖区域有一定的艺术设计处理和防护（图 2-4）。

2. 鱼苗放养

5 月中旬，选择体质健壮的锦鲤夏花（规格为 4～5 cm）进行放养，放养密度为约 1.0 万尾/亩；或秋片（规格为 8～12 cm），每亩放养 2 000～3 000尾。鱼苗投放时要注意天气情况，选择晴朗少风的天气进行投放。投放前将锦鲤鱼苗用 2.5％～5％的食盐水浸浴 10 分钟。将盛放锦鲤鱼苗的袋子放入莲藕塘中，待袋子内外的温差相差不大时再打开袋子投放鱼苗。田螺放养：每亩放养中国圆田螺种螺约 15 g/只，75～100 kg；或规格 5 g 左右的幼螺，亩放种 25 000～30 000 只，质量 125～150 kg；田螺既能净化水体，维护水质清新的作用，清除残饵和鱼的粪便，又能为锦鲤提供一定的天然蛋白饵料（图 2-4）。

图 2-4　花莲-锦鲤种养结合休闲观光模式

3. 饲料投喂

藕塘锦鲤的投喂坚持"四定"原则，锦鲤是杂食性鱼类，可将剩饭、剩菜、果皮等加入 10％左右的动物内脏、蛆蛹、蚯蚓等动物性饲料混合制成颗粒投喂。颗粒饲料选择市场上销售的粗蛋白质含量为 30％的膨化颗粒料，饲料颗粒大小由锦鲤大小决定。饲料投喂采取驯化投喂法，可以用手撒喂，也可用自动投饵机定时投喂。

1 kg 锦鲤每天要吃约 30 g 的鱼粮。5—6 月投饲率为 2.5%，6—9 月为 3%～5%，10 月以后为 2% 左右。具体投喂量需要根据季节、天气情况、水质情况以及养殖鱼类的摄食和生长等情况灵活调整，一般以投喂后 15 分钟内吃完为最佳。当水温 20 ℃ 以下时，每天投喂 1～2 次，水温 20 ℃ 以上时，每天投喂 3～4 次。田螺生长期间不需投喂，主要靠莲藕田中的天然饵料，及锦鲤没吃完的饵料和排泄物为食。

4. 莲塘水体管理

在锦鲤饲养管理过程中，定期对藕塘中的水进行加水和换水；在整个周期内，池塘应保持适当水量，根据情况每 10 天左右换水一次，每次换水 15～20 cm，使池塘保持良好的水质条件。也可用光合细菌等微生物制剂调节水质。养殖后期因锦鲤体形大，消耗氧气的量会增大，所以田间应安装放置增氧气泵，及时为锦鲤提供足够的氧气。藕塘水位的管理以先浅后深再浅为原则。4—5 月藕塘的水位较浅，保持在 0.5 m 左右；随着温度的升高，6—9 月水位逐渐加深到 1.2 m，水位勿超过荷叶位置；9 月温度降低，水位也逐渐降低，保持在 0.5 m 左右。

在锦鲤疾病高发期，定时用二氧化氯溶液对饲喂所用器具进行消毒，保持所用器具的干净无污。最后，在疾病易发期，可适量每月投喂药饵 3～5 天。9 月底开始逐渐降低莲塘水位，在养殖沟低洼处捕收锦鲤陆续销售或存留继续养殖。莲藕＋锦鲤模式以种植子莲或花莲为主。

二、莲藕-小龙虾种养模式

荷花虾种养模式是一种小龙虾与莲藕共用池塘水环境，加以人工管理，实现既种藕又养虾的一种综合种养模式。小龙虾可以利用藕塘中底栖生物、浮游生物、池中水草等作为饵料，而其粪便和残饵可为莲藕的生长提供肥料，实现藕虾综合种养的良性循环。

1. 茬口配置

莲藕-小龙虾种养模式的茬口配置是关键。在莲藕、莲子或花莲种植过程中，小龙虾通常被视为有害动物，是需要防治的对象。因为小龙虾会取食叶簪等莲植株的幼嫩部分，导致植株死亡或受到伤害。如何减轻或消除小龙虾对莲藕植株的危害，是莲藕-小龙虾种养模式技术能否成功的关键。小龙虾活动温度为 0～35 ℃，适宜温度范围为 16～32 ℃。秋冬季水温低于12℃时，停止取食。冬季小龙虾进洞中越冬，翌年2—3月随着温度回升，出洞活动。小龙虾容易对莲藕植株产生危害的关键时期为4—7月。其中，4—5月为莲藕萌发时期，植株幼嫩，最易受小龙虾为害。

由于莲藕留种方式大多采用子藕留地方式留种，加上未采净的主藕，实际留种量较大，在地种藕量大多500 kg/亩以上。因翌年春季不需重新定植，不仅萌发较早，而且4—5月期间田间莲藕萌发量也大，即便小龙虾对新发藕簪有少量为害，亦不致影响产量。但是，要根据为害轻重，及时调整捕捞强度。6—7月，是莲藕不断抽发叶簪，并进入结藕期，也容易受到小龙虾为害。如何在莲藕田套养小龙虾，提高莲藕田综合经济效益，具体做法：一是莲藕萌发初期加大小龙虾捕捞强度，一般捕捞量占总捕捞量的80%以上。5月中旬前（一般在5月10日前），捕净或杀灭干净在田的小龙虾；至7月下旬，莲藕一般已形成3节以上主藕，大多数荷梗已老熟变硬，小龙虾对莲藕植株已不易造成伤害，因而宜在此期开始投放种虾。同时，人工补充投喂适口饵料，可减轻小龙虾对莲藕植株的危害，亦有助于小龙虾生长发育和提高产量。二是如果莲藕田在早春放养小龙虾，以放养小规格的幼虾为主，控制放养数量；同时，注意藕田肥水，增加浮游生物。三是4月中旬放入的虾苗，选择虾苗暂养，用防逃网或光滑塑料板将环沟与莲田隔开，形成暂养区，防止克氏原螯虾进入藕田；虾苗在暂养区集中养殖，虾苗一次性放足；当莲藕叶片挺出水面后及时拆除暂养区的隔离光滑塑料板，让虾苗进入莲田。

2. 田间工程改造

选择靠近水源、水质良好、进排水方便、平整连片的田块。15～30亩为一个单元，在田块的四周开挖环沟——宽2～3 m、深约1.5 m，用挖出的沟泥加固四周田埂，埂宽1.5 m、高0.5 m，同时做好防逃隔离设施。该模式通过在莲藕池（田）内开挖围沟和田间沟，在沟内种植水草，根据莲藕的生长情况调节水位，有效解决了这一矛盾，是继虾稻共作之后农业结构调整优化的又一成功探索。

3. 品种选择及栽培

（1）品种选择。莲虾田一般选用以产莲子为主的太空莲，其品种有太空莲3号、太空莲36号、鄂子莲1号、寸三莲抗病1号等。对种藕的选择，要做到边选边挖，以具有本品种特色，即色泽新鲜、藕身粗壮、节间短、无病斑、顶芽完整，具有3个节以上的主藕和2节以上种藕。田藕种藕应选择土浅、耐浅水、品质好、产量高的品种。

（2）子莲栽培。子莲一般在 4 月上中旬定植，栽培管理技术见本章第一节"水田莲藕种植"。注意：一般莲-虾种植田中应空一行宽 6 m 的走道，便于行船施肥和投饵（后面的莲藕-渔其他综合种养模式，田间走道根据田间面积大小，适当调整即可）。莲藕新品种种苗，种植 1~2 年后会出现品种退化现象，须挖掉老藕，重新种植，或采用轮作的方式。

4. 小龙虾放养

（1）放养方式一："一荷两虾"模式（分 2 次放养虾苗）。

该模式在长江中下游地区，生产上采用"繁养分区、轮捕轮放"的管理技术模式。大致于早春、夏至两个时间段分前后两次投放虾苗，在 5 月初至 6 月下旬这一阶段形成养殖"中空期"，使莲田共作的小龙虾有效错开"五月瘟"，同时又有效地避开藕簪和幼茎的生长期。该模式具体操作如下。

1）小龙虾苗种繁殖：8 月份将亲本虾（体重 30 g/只，雌雄 2∶1，一般投放 20 kg/亩）放入专用繁殖塘中陆续交配，10 月底进入洞穴生活，并产卵孵化出虾苗；翌年 3 月底亲虾和仔虾陆续出洞，及时捕获老熟亲虾上市；每年 8—9 月异地选择性成熟的外来亲本虾投入补充繁殖塘。重点培育虾苗，待虾苗体长达 3 cm 时便可陆续捕捉供自己放苗养殖，多余的至 4 月中旬全部捕净出售。管理期间投喂蛋白质含量为 32% 的小龙虾专用饵料。

2）共作田的投放。①"荷前虾"养殖：繁养塘繁殖的大规格虾苗于早春 3 月初投放到"荷虾"种养田，投放虾苗密度保持在每亩 4 000~6 000 尾，投放规格体长 3~4 cm（或 200~300 尾/kg）；养至 5 月初前全部清田捕捞干净。亦有利用自繁的早秋苗于 10 月前投放莲田，投放虾苗密度在每亩 6 000~8 000 尾，养至次年 3 月底养成完成捕捞，全部上市。②"荷中虾"养殖：莲藕浮叶挺出水面后就可投入虾苗养殖，一般在 6 月中旬投虾苗，7 月底或 8 月初即可养成，可陆续捕捞上市。投放规格为体长 4~5 cm（或 150~200 尾/kg）的虾苗 5 000~6 000 尾/亩。

重点：繁养分离，轮放轮捕。"荷前虾"5 月 1 日前捕捞 1~2 次（卖商品虾），"荷中虾"8 月底捕捞 1~2 次上市（卖商品虾）。

两个衔接：第 1 批成虾收获后与子莲萌发及嫩茎生长的茬口衔接。第 2 批成虾在越夏前收获，在养殖阶段，密密麻麻的莲叶就像一把把遮阳伞，让养殖塘水温保持在适宜的温度，避免小龙虾越夏，莲田茎叶器官最旺盛时期与小龙虾生长同步。两批虾均能避开"五月瘟"。

结论：该模式产量高，能做到投苗精准，能保证早出虾出大虾，风险低，效益明显；但需专门配置有虾苗繁殖的田塘。该模式为生产中的主流推广技术。

（2）放养方式二："一荷两虾"模式（一次性放养一批亲虾）。

于7月下旬至8月上旬，将亲本虾直接投入共作田。要求亲本虾单体重约30 g/只，采用雌雄比2：1进行异地配组后入田，投入量每公顷约300 kg。投入的亲本虾在共作莲田中陆续掘穴交配产卵并越冬，翌年2月中下旬完成孵化，并在3月中旬长成幼苗后陆续出穴。稍后将越冬后的亲本虾及由孵化的虾苗长大的商品虾逐步捕捞上市；早春捕捞一部分卖虾苗，至4月底全部捕捞干净卖商品虾。该模式技术管理较为简单。

重点：轮放轮捕。早春捕捞2～3次（卖虾苗，或将捕捞的虾苗放入新开的莲田）；5月1日前全部捕捞上市（卖商品虾）。不要捕大留小，后期仍留存部分虾苗共作，年复一年继续循环养殖。

两个衔接：第1批虾苗的出售与当季最佳放养期相结合。第2批商品虾全部收获后与子莲萌发嫩茎生长的茬口衔接。

结论：该模式简单方便，效果较好、产量较高。从亲虾的投放到全部捕捞结束，利用了子莲生长的空档期，避开了小龙虾的"五月瘟"；但不能做到精准投苗，投放的亲本虾质量难以保证，难以养出高质量的大虾。

（3）放养方式三："一荷三虾"模式。

子莲一般在3月底4月初定植，5—6月为立叶期，7—8月为花果期，9月以后为枯黄期，10月以后为越冬休眠期；莲-虾综合种养田的小龙虾可养殖成虾或繁殖虾苗3茬。一般3—5月养成"莲前虾"，6—8月养成"莲中虾"，9月至翌年3月养成"莲后虾"或培育成"莲后虾苗"。其间在10—12月的秋冬季节收获一季莲藕。但该模式技术操作管理难度增大。

5. 田间管理

（1）繁殖塘：8月放养的亲虾一般在10月即进行交配抱卵、打洞越冬，次年2—3月仔虾出洞进入藕塘摄食生长，主要摄食塘中螺蛳、残藕、水草等天然饵料，可适当投喂部分配合饲料，饵料投放点以较浅水位、小龙虾集中区域为主，投饵量应根据剩饵、天气等情况酌情而定，总的原则是"开头少、中间多、后期少"。

（2）共作田：莲田共作投放的小龙虾虾苗，投喂按照"四定"要求进行。一般每天投喂 2 次，分别在早晨、傍晚投喂。日投饵量为存塘虾质量的 6%～8%，通常以投喂 2 小时基本吃完为宜。上午 9：00 左右投放日饵量的 30%，下午 6：00 左右投放日饵量的 70%。

"荷前虾"处于小龙虾最佳生长环境条件，注意及时投饵和肥水，提早上市。对于"荷中虾"的管理，主要投喂蛋白质含量为 28% 的小龙虾专用饵料。"荷中虾"放养后，应注意适当投喂饵料，莲藕-虾模式结合诱虫灯防控虫害，同时达到补充田间天然动物饵料的目的。加强水位管理，此时正值高温季节，市场需求量大，价格较高，应高水位捕捞，避免成虾夏眠，但水位过深势必会降低对小龙虾的捕捞率。因此，在捕捞前应逐步减少小龙虾饵料的投喂，增加小龙虾在环沟觅食概率，并将地笼放置于环沟水草丰富、水位相对较浅的区域，定期更换下放地笼的位置，以减少小龙虾捕捞难度，提高捕捞率。"荷后虾"主要以莲田中腐败的茎叶及浮游生物为食，视情况适当肥水。对于 10 月前投放的早秋苗，正常投喂至 11 月底 12 月初，待翌年 2 月，水温回升，稳定在 15 ℃左右时，增加投喂量，养至 3 月底。

（3）水体管理。小龙虾生长期间每隔 15～20 天使用 1 次生石灰 10～15 kg 化水后全池泼洒，调控水质，预防疾病。定期给莲虾种养田泼洒 EM 菌、乳酸菌和小球藻等有益菌藻类，可以有效地分解和吸收水体中的有害物质，增加水体透明度，净化水质。水深调节：莲藕田套养小龙虾时，水深调节以满足小龙虾需求为主。种虾投放期，藕田水深宜 30～50 cm，之后，及时补充由于蒸腾、蒸发及渗漏导致的田间水量缺失，保持水深相对稳定。一般 10 天加注 1 次新水，每次换水量不能超过 1/3。翌年 3—4 月，宜在原有水深基础上，加深约 10 cm。但在小龙虾虾壳大批脱落时，不要冲水，避免干扰。

6. 捕捞和销售

小龙虾生长速度较快，从 3 月中旬即用地笼捕获小龙虾上市出售，此时未到小龙虾大量上市之时，价格比较高。及时降水至环沟以内集中捕捞，傍晚将地笼网、虾笼放入环形沟中，捕大留小，捕捞完后快速复水；采用逐步上市的方法，所有小龙虾尽量在 5 月初全部捕捞干净。莲藕在中秋之前到翌年 3、4 月份均可销售，应集中在中秋节、春节期间大量销售。

三、莲藕-泥鳅＋对虾立体种养模式

莲藕-泥鳅-对虾立体种养模式是一种生态养殖模式。泥鳅和对虾均属于杂食性动物，处于同一生态水平，不存在互相捕食问题。泥鳅可在莲藕生长期为其松土，泥鳅和对虾的排泄物亦可作为肥料，为莲藕提供养分；莲藕具有净化水质、增加溶氧量的功能；泥鳅可食用池塘中的浮游生物、对虾的排泄，同时净化水质。对虾基本不用投喂饲料，主要靠摄食泥鳅的饲料残渣和水中的浮游生物来满足生长需求。

1. 苗种投放

莲藕栽植后，大约 4 月中旬进行苗种投放。泥鳅使用大规格台湾泥鳅，规格为 15 g/尾，每亩莲塘投放 4 000 尾。南美白对虾，规格为 12 g/尾，每亩放养 1 200 尾。

2. 养殖管理

实行"四定"（定时、定位、定质、定量）及"四看"（看季节、看天气、看水色、看摄食活动）的投喂方法，科学合理地调整每天投喂量。选择在藕田的鱼沟内进行泥鳅饵料定点投喂，投喂量以泥鳅在 1 小时内吃完为宜，不过量投喂，防止泥鳅出现难消化的现象。每天投喂 3 次，总的投喂量是泥鳅体质量的 5%，其中，6：00 投喂 30%饵料，12：00 投喂 20%饵料，18：00 投喂 50%，若遇阴雨天或泥鳅病害则停喂。该模式生产期间需要定时增氧，同时，每天检查，依据摄食情况调整投喂量。观察泥鳅是否有浮头、伤病或死亡现象，发现有浮头时应及时充氧，及时捞出死亡鱼虾。泥鳅、对虾若有伤病时，及时治疗。发现水质变差时，及时换水。

3. 注意事项

因为海水运输虾苗具有成活率高、载运密度大、水质不易变坏等多项优点，因此一般南美白对虾虾苗都采用盐度 15‰左右的海水运输。随着南美白对虾养殖不断向内陆发展，在养殖地标粗淡化虾苗成为养殖过程中不可缺少的一个重要环节。此生产模式，需要配备有专用的淡化设施设备。驯化南美白对虾虾苗适应淡水生长，必须驯化虾苗适应盐度。标粗淡化就是把体长 0.3～0.5 cm 的虾苗在温室、尼龙大棚、空闲的小池或养成池的一角进行淡化暂养 10～20 天，淡化时尽可能控制水温不要太高，以 24～28 ℃为适宜。期间投喂专用的淡化标粗虾片饲料，使虾苗体长达 1.0 cm 以上；同时，根据进苗场的池水盐度调配好标粗暂养池的池水盐度，然后逐渐淡化，每天降低的盐度不超过1‰，直到池水的盐度与户外池塘水的盐度相近。通过这种方法淡化，虾苗的成活率均可达90%以上，并且使养成成活率大大提高，实现养殖生产增产与增效的目的。

该模式如果使用大棚养殖技术，使温度一直处于泥鳅、对虾和莲藕的最佳生长条件下，则能缩短泥鳅和对虾的养殖周期，提高养殖效率。同时，大棚可以防止鸟害，避免鸟类捕食泥鳅、对虾，在大风天气保护莲藕的茎叶不受损伤，不用再额外设置防害装置。大棚养殖技术不受季节约束，泥鳅、对虾的上市时间比普通露天养殖更早，可增加销售的经济效益。

四、莲藕-泥鳅＋黄鳝立体种养模式

1. 莲藕栽种

以种植藕莲为主，可选择如"鄂莲五号""新一号"等浅水藕抗腐败病品种。栽种前对藕种消毒，栽种时保持水深3～5 cm。具体方法见本章第一节。

2. 泥鳅和黄鳝的放养

将泥鳅和黄鳝苗种在水泥池中暂养3天，暂养期间换水2次，不投饵。在莲藕定植10天后的傍晚投放泥鳅苗种和黄鳝苗种。投放前消毒，泥鳅、黄鳝属于无鳞鱼类，所以养殖过程中消毒一定要选用刺激性小的碘类消毒剂，采用聚维酮碘溶液消毒，其对细菌、病毒、真菌等都有较强的杀灭作用。使用方法：每10 kg黄鳝或泥鳅苗放入10 kg水，加入碘制剂3 g，拌匀，浸泡15分钟，用来杀死细菌、病毒，并修复黄鳝、泥鳅的黏膜，然后入田放养。如果用高锰酸钾溶液泡苗，需严格控制溶液浓度：每10 kg的黄鳝或泥鳅苗使用20 kg的水，加入5 mL的高锰酸钾溶液，浸泡10分钟。温馨提示：不要用盐水或者漂白粉等刺激性的物质给泥鳅和黄鳝消毒；黄鳝、泥鳅经过一段时间的运输或者储存，身体十分虚弱，盐水消毒只会损伤黄鳝、泥鳅的黏液，还会吸收黄鳝或泥鳅身体里面的水分，导致泥鳅、黄鳝入田后不开口甚至死亡。

放养泥鳅为台湾泥鳅，体长约4 cm；黄鳝为深黄大斑鳝或野生种苗，规格为15～30 g/尾；每亩共放养45 kg。将消毒后的泥鳅苗和黄鳝苗沿藕池中央的鱼溜轻轻、均匀地投放，避免体表受伤，放入苗种5分钟内绝大部分泥鳅和黄鳝都会自动游走（图2-5）。

图 2–5　莲藕-泥鳅＋黄鳝综合种养模式

3. 田间管理

藕田施肥，应坚持"以基肥为主，以追肥为辅，有机肥为主化肥为辅，追肥少量多次"的施肥原则。泥鳅和黄鳝在生长过程中，需要进行适当的人工投饵，以弥补藕塘中天然饵料的不足；一般投放小麦麸、豆粕、米糠、小鱼虾肉糜等饵料。莲藕用药应坚持"生态防控为主、降低农药使用量"的防控思路。有条件的地方可以采用诱虫灯灭虫技术、防虫网技术、藕田共作生物防控技术等。

五、莲藕-鱼种养模式

随着水库网箱养鱼被限，莲田养鱼成为网箱养鱼转型的一种高效生态种养模式。莲田为鱼提供丰富的天然饵料，莲藕的生长可以为鱼提供荫蔽环境，鱼的活动为莲田除草，鱼的排泄物可以为莲藕提供充足的养分，两者互利共生，实现藕鱼双收，大幅提高莲田经济效益。

1. 田间工程改造

选择水源充足、水质好、排灌便利、保水力强的田块；将田埂加宽至 0.5 m、加高至 0.6～0.8 m 并夯实；在藕田进水口的一端挖一深 1.5～2.0 m 的鱼凼，面积约占莲田总面积的 8%，沿鱼凼开挖一条深 40 cm、宽 50 cm 的"一"字沟，鱼凼处可用遮阳网搭建遮阳棚；做好进、排水及防逃设施。

2. 鱼苗投放

放养前 7 天莲藕池和养殖鱼沟应泼洒生石灰 20～25 kg/亩消毒。鱼种放养宜早不宜迟，水温稳定在 6～8 ℃即可放养。罗非鱼等热带性鱼类在水温稳定在 16 ℃以上方可放养。适宜莲田养殖的鱼类有多种，主要以放养肉食性和杂食性鱼类为主，如鲢鱼、鳙鱼、罗非鱼、鲫鱼、丁桂鱼、团头鲂、黄颡鱼、鲮鱼等。通常一块莲藕田应放养一种鱼为主，适当搭配2～3种其他鱼类，可具体根据市场消费等情况而定。鱼类投放量为30～50 kg/亩。

3. 田间管理

（1）水分管理。莲藕栽植初期田面保持水深3～5 cm，浮叶出现后水位升高至8～10 cm，2～3叶时水位加深至15 cm以上；随着气温升高，逐渐将水位加深至25～40 cm。当莲藕将进入结藕期，水位应适当降低至10～15 cm。视莲田水质情况适时换注新水，以改善水质，但每次换水量不超过1/3。

（2）追肥。追肥主要是立叶肥和结藕肥。追肥时将鱼赶入鱼凼和鱼沟内。立叶肥、结藕肥均分2次施入，每次用200～300 kg/亩腐熟人粪尿，也可施用复合肥10 kg/亩。莲叶封行后，可叶面喷施1～2次1%尿素＋0.1%～0.2%磷酸二氢钾＋0.05%～0.1%硼酸溶液。

（3）喂食。除莲田中的杂草、昆虫、底栖生物、浮游生物等天然饵料外，还需补充精饲料（配合饲料）、青饲料（浮萍、牧草、米糠、菜饼类等）。饲料投喂量为鱼体总质量的5%左右，按照定时（固定每天早上8：00—9：00，下午4：00—5：00）、定点（固定在围沟水较深的地点投饵）、定种类（基本保持每天饲料种类一致）、定量（鱼重的3%～5%）。晴天投饵，阴天、雨天酌情不投或少投。此外，在鱼凼距水面15 cm的上方挂黑光灯可诱虫喂鱼。

4. 收获

当藕田长出许多终止叶时，即可随时采藕上市。鱼的起捕主要根据市场行情定，择时起捕，小鱼或不需出售的鱼可留养鱼池或暂养池塘，待采藕后藕田灌深水养鱼。但养殖罗非鱼、鲮鱼等尽量在10月底捕捞干净。

六、莲藕-鱼＋蟹综合种养模式

该模式是第五种模式的升级版，是为提高莲藕塘综合效益而采用的新模式，但相对而言其管理难度增大。

1. 鱼种选择与放养

苗种应选择体质健壮、无病无伤、游动活泼、规格一致的个体。鱼种放养前用5%的食盐溶液浸泡10～15分钟，然后再投放到藕塘。蟹种在莲藕长出2片立叶后放养。

2. 苗种规格、放养时间和放养密度

4月上旬，放养异育银鲫、鲢鱼、鳙鱼；异育银鲫规格为体长 3～5 cm，每亩放养 400 尾，鲢鱼、鳙鱼规格均为 0.5 kg/尾，鲢鱼每亩放养 12 尾，鳙鱼每亩放养 8 尾；5 月初放养中华绒螯蟹，规格 160～200 只/kg，每亩放养约 700 只。

3. 饲料投喂

日饲料投放量按照异育银鲫、中华绒螯蟹体重的 3％～5％投放，根据摄食情况，增减投喂量，以八成饱为宜。水温 20 ℃以下时，每天投喂 1～2 次；水温 20 ℃以上时，每天投喂 2～3 次。投喂时间安排在上午 8：00 至下午 6：00。饲料投喂和使用符合 GB13078—2017、NY5072—2022 中的规定要求。

4. 巡塘

每天早、中、晚巡塘，观察藕塘中鱼、蟹的活动和摄食情况，及时调整投喂量。黎明前观察鱼类有无浮头现象。高温季节，天气突变时，半夜前后巡塘，防止泛塘，采取加水等增氧措施。

5. 病虫害防治

防治原则坚持"预防为主，综合防治"的原则，推广绿色防控技术，防控方法以物理防控、生物防控为主，化学防控为辅。

（1）莲藕病虫防治：选用无病藕种，搞好种藕和土壤消毒工作，增施磷钾肥，增强植株抗病能力。采用灯光诱杀害虫，或用性诱技术等方法防治藕田水上部分的害虫。在病害发生时，选择对鱼、蟹无害的低毒、高效的杀虫剂。药物使用符合 GB/T8321 的规定。

（2）鱼蟹病害防治：每 15～20 天全池泼洒 20 g/m³生石灰乳浆 1 次，做好消毒工作。在鱼蟹发生病害时，选择低毒、高效的渔药。药物使用符合 SC/T1132—2016 的规定。

6. 收获

（1）藕的收获：6 月下旬开始陆续采收藕带上市。在立叶全部发黄时挖藕上市，具体采收时间根据实际需求确定。

（2）鱼、蟹的收获：捕鱼在 10 月荷叶干枯后进行。鲫规格达 200 g/尾，鲢、鳙规格达 1 kg/尾以上，蟹规格达 75 g/只以上时捕捞上市。

七、莲藕-田螺＋中华鳖＋鲫鱼种养模式

该模式主打产品是莲（藕）、中华鳖及合方鲫。田螺既可清洁水质，

又是田间中华鳖最佳的动物饵料，其蛋白质占鳖鱼动物饵料蛋白的 80％以上。鲫鱼可控制莲藕塘中浮萍的生长。

1. 鱼种的放养

（1）田螺的投放。每年投放两次。第 1 次 4 月上中旬进行种螺（亲螺）投放，选择种螺个体大小适中（40～60 粒/kg），每亩投放 100 kg；第 2 次于 8 月上旬适当补充外来的田螺种螺，数量约 30 kg。田螺一年产卵两次，每年 4 月开始繁殖，在产出仔螺的同时，雌、雄亲螺交配受精，8 月至 9 月同时又在母体内孕育次年要生产的仔螺。

（2）鳖苗投放。在莲藕立叶 10 天后（时间大约 5 月中下旬）放养活力高、抗病力强的幼鳖。每亩投放 200 g 左右的中华鳖苗 180～200 尾，以土池培育的鳖苗为宜。或放养规格约 400 g/只，每亩投放约 100 只。鳖鱼雌雄分开分塘养殖。

（3）鲫鱼放养。在放养幼鳖的同时每亩放养"夏花"合方鲫约 1 000尾；鲫鱼在鳖苗放养前投放。

2. 防逃防天敌

由于鳖有四肢掘穴和攀登的特性，防逃设施的建设是莲藕鳖共作的重要环节。藕田四周按养鳖要求设置防逃设施，防逃墙可用廉价次品瓷砖修筑，下部埋入地下 20 cm，露出地面高度为 100 cm，瓷砖光滑的一面朝内；进排水口必须用铁丝网或塑料网作护栏。根据种养需要，应在每块田边筑 1 个用竹片和木板混合搭建的 4～5 m² 的平台，供投放饲料和鳖晒背用。为防鸟啄食幼鳖，在藕田四围田埂上拉 2～3 道间隔 15～20 cm、高 50 cm 的反光彩条线。

3. 日常管理

鳖有"三喜三怕"的生活特点：喜洁怕脏、喜阳怕风、喜静怕惊。鳖是水陆两栖爬行动物，但大部分时间生活在水中，水质的好坏直接影响其生长。因此，应定期使用经审批的生物制剂调节水质，保持水质清新。鳖是变温动物，对环境温度变化较为敏感，需多晒太阳，可通过晒背提高其体温、促进食物消化，利用阳光中的紫外线杀死体表的寄生虫和致病菌，促进受伤体表的愈合。鳖生性胆小，日常管理和投喂过程中应尽量减少惊扰。水色保持黄绿色或茶褐色，定期用漂白粉或聚维酮碘溶液消毒水体。

养殖期间注意鳖鱼的生长情况，每天应定时补充投放一定量的动物饵料。一般情况下，莲藕塘的鳖鱼不需要用药。养殖期间，应拌料投喂适量的维生素 E、免疫多糖或 EM 复合菌，以增强鳖抵抗力。在高温天气、鳖病害流行季节，以经审批的生物制剂调水改底为主，并投喂清凉解毒、保肝护胆的中草药进行病害防治。饲养阶段如发生病害必须用药时，选用低毒低残留的药物拌料投喂，确保养殖鳖的食用安全。投喂药饵期间，饵料投喂量应适当减少，以保证药饵被全部摄食。

入秋后捕尽中华鳖和鲫鱼，每批次均轮捕轮放，或早熟藕田鲫鱼与商品鳖同时收捕，中晚熟藕田鲫鱼可在莲藕采收后、次年定植前收捕，鲫鱼生长过程不需投喂任何饲料。

八、莲藕-蛙＋田螺种养模式

1. 莲藕-青蛙＋田螺模式

该模式主打产品是莲（藕）和青蛙，同时投放少量秋片鲫鱼。繁殖的幼螺是田间青蛙的部分动物饵料，同时田螺又起到净化水质的功能。

莲藕移植后约 20 天后，选择晴天早晨或傍晚放养幼蛙，选体质健壮、无病无残、大小规格一致的蛙苗；青蛙幼蛙个体重 10 g 左右，每亩投放约 3 500 只；或者：蛙苗规格为约 5 g/只，放养量约 4 500 只/亩。均一次性放养，后期不再按大小分级分田养殖。饲养期间除用黑光灯诱虫喂蛙外，视生长情况需补充投喂青蛙专用饵料，养殖前期注意驯食。该放养模式均投放规格一致的螺苗、蛙苗；青蛙每批次均轮捕轮放，田螺捕大留小。种螺于 3 月下旬至 4 月初一次性放足，每亩投 150 kg 以上种螺，每只个体大小约 25 g。该模式可套养少量的夏花鲫鱼（合方鲫）。

2. 莲藕-牛蛙＋田螺模式

如果是放养牛蛙，则每亩一次性放养单体重约 50 g 的幼蛙约 1 200 只（不宜超过 1 500 只/亩），莲藕有 2 片立叶时放养。牛蛙投放后 15 天内，早晚各喂蛙料约 3 kg，饲料粒径大小约 3.0 mm；投放 15 天后，继续投放蛙类专用饲料，选用饲料粒径≥4.0 mm 的蛙料；每天投喂饲料 1～2 次，每次投喂饲料的量控制在 1 小时内吃完为宜。养殖期间应让牛蛙以捕食田间害虫和食用诱虫灯诱杀的害虫为主，除投放专用蛙料外，适当人工补充投喂田螺、蚕蛹、蚯蚓等辅食。牛蛙养殖期间，以投喂作为"抓手"，将少量晶蒜素（每次 0.05～0.15 kg）拌入辅食投喂，5～7 天投喂 1 次，预防牛蛙病害。莲藕牛蛙共生期田间都需保持有一定高度的水层。在立叶已有 4～5 片时每亩施尿素 10 kg、硫酸钾复合 20 kg。如果牛蛙幼蛙放养的质量约 125 g/只，成熟上市为 3～4 个月时间，华南地区莲藕田 1 年可放养 2 次牛蛙。

九、莲藕-鸭+田螺种养模式

该模式主打产品是莲（藕）和鸭子，投放种螺繁殖的幼螺是莲田鸭子的大部分动物饵料，同时田螺在被吃之前又能起到净化水质的功能。

1. 开沟保水

此模式中，莲田需要开沟保水。冬春季节，养殖的莲田开好围沟，沟宽 1.5～2.0 m，深 1.0～1.5 m。田中开挖宽 0.8 m、深 0.55 m 的"井"字沟，有利于鸭子游弋。冬春季节加宽加高加固田埂，田埂高 20～30 cm，宽 60～80 cm，新加的土要夯实筑牢，以确保莲田灌水后田埂不坍塌、不漏水。

2. 搭建鸭棚和围栏

在莲田边搭建简易鸭棚，便于饲喂和遮阳避雨。鸭苗入栏前，先对栏舍进行消毒。沿莲田四周用尼龙网做围栏，一般尼龙网高度不低于 0.6 m，用小竹竿作为支撑，每隔 1.5～2.0 m 固定，既防止鸭子外逃，又可抵御外来天敌危害。

3. 肥水管理

原则上不施用化肥，若地力不足可适当施一些有机肥料。管水坚持"浅水长苗、深水开花结实、浅水结藕越冬"的原则。4 月初至 6 月中旬，莲田水位保持在 5～10 cm，6 月下旬至 8 月下旬莲田灌水 20 cm，防止鸭子中暑；9 月份以后水位保持 5～10 cm，既利于莲藕生长，又利于鸭子在水中嬉戏、觅食。

4. 鸭苗准备及放养

5 月中下旬引进鸭苗，饲养一段时间。期间做好鸭的驯水和防疫工作，使鸭适应田间环境，增强抵抗力。放养密度和时间：放养前剔除长势弱的鸭苗。放鸭数量与鸭的大小、田间饵料多少等有关，一般于 6 月上旬放养 300 羽/hm² 较为合适。放鸭前，在 4 月上旬先于莲田放养中华圆田螺种苗约 150 kg，要求种螺个体大小适中（约 40 粒/kg），雌雄螺种按（2～3）：1 进行搭配放养（图 2-6）。

5. 适量补饲

幼鸭放养初期，如鸭在田间采食不足，则早晚可适当补喂。15 天后，为达到"役鸭"效果，一般不再补喂，促使其增强田间觅食能力；中期随着田间杂草及昆虫等食料减少，鸭子食量增大，一方面，以采食田间

图 2 - 6　莲藕-鸭＋田螺综合种养模式

的幼螺为主，另一方面，在傍晚给每只鸭添喂稻谷 50～70 g，以提高商品性。

第三章 茭白-渔综合种养技术

茭白也叫高笋，学名菰，为禾本科、菰属喜温性多年生浅水草本植物。原产于我国及东南亚地区的沼泽湿润地区，在古代称为六谷之一；茭白与水稻同属于禾本科，栽培管理上有许多相似之处。当茭白受到黑粉菌侵染后，感病株在抽薹开花时，黑粉菌的菌丝侵入茭白茎的薄壁组织细胞内，菌丝的新陈代谢产生一种生长素类的物质，刺激薄壁组织的生长，使茎部膨大，称为茭白。

茭白是我国的特产蔬菜，主要分布在长江中下游地区，在我国有着悠久的种植历史。茭白营养丰富，富含蛋白质、糖类、多种维生素、微量胡萝卜素和矿物质，茭白有祛热生津、利尿止渴，解酒毒，补虚健体，退黄疸的功效，它质地鲜美、味道甘甜，深受广大市民的青睐。茭白是"江南美食水八仙"和"江南三大名菜（莼菜、鲈鱼、茭白）"之一。

第一节 茭白种植管理技术

一、茭白简介

（一）茭白种植情况

全国茭白常年种植面积约 7.4 万 hm²，以浙江省种植面积最大，占全国种植面积的 40% 以上。浙江余姚河姆渡镇被农业农村部命名为"中国茭白之乡"，浙江磐安县以及安徽岳西被中国蔬菜流通协会授予"中国高山茭白之乡"荣誉称号，浙江缙云县被中国蔬菜流通协会命名为"中国茭白之乡"。我国水生蔬菜中茭白栽培面积仅次于莲藕，茭白已成为我国一些地区农村经济发展的重要支柱产业。近年来，随着种植技术的发展与进步，生产中出现了茭白种植与鱼类养殖同时进行的生产模式。

（二）单季茭白和双季茭白

茭白有秋产单季茭（一熟茭）和秋夏双季茭（两熟茭）两类。

单季茭白指仅能在秋季采收一次产品的茭白品种。单季茭白栽培时，传统为春季定植，当年秋季采收；实行一年生栽培，或一次定植连续多年（2～4 年）栽培。代表品种：金茭 1 号、金茭 2 号、丽茭 1 号、美人茭、磐安单季茭、武义单季茭、嘉兴单季茭、鄂茭 1 号、鄂茭 3 号等。

双季茭白指春季或夏季移栽，秋季采收；以老墩在田中越冬，翌春萌发后，夏季再采收一次。即能在当年秋季采收一次肉质茎（称"秋茭"），并且翌年春夏季又可采收一次肉质茎（称"夏茭"）的品种。有的双季茭白品种采用春季定植，有的则采用夏秋季定植。春季定植的双季茭白品种通常为夏秋兼用型品种，夏秋季定植的双季茭白品种一般以采收夏茭为主。代表品种：余茭 4 号、纡子茭、中介茭、浙茭 2 号、浙茭 3 号、浙茭 6 号、浙茭 7 号、浙茭 8 号、浙茭 10 号、鄂茭 2 号、龙茭 2 号等。

通常，单季茭的产量为 22 500 kg/hm²，双季茭的产量为 42 000 kg/hm² 以上。

（三）茭白生长对环境条件的要求

1. 茭白生长对温度的要求

茭白生长期中喜温暖环境，栽培地区无霜期要求达到 150 天以上，生长适宜温度在 15～30 ℃。一般于 5 ℃以上开始萌芽生长；幼苗生长的适宜温度为 10～20 ℃；分蘗期的适宜温度为 20～30 ℃；孕茭期要求适温为 15～25 ℃，此温度也正是黑粉菌生长的适宜温度，温度过高或过低影响黑粉菌活性及侵染效果。

不耐高温型（秋种两熟茭）的茭白对温度要求较严格，成株只在 25 ℃以下孕茭；耐高温型（春种两熟茭和一熟茭）的茭白对温度要求不严格，成株在 25～30 ℃可以孕茭。温度低于 10 ℃或高于 30 ℃，都会影响黑粉菌的生长和植株养分的积累，不能结茭或结茭瘦小，品质差。

当秋季气温降到 5 ℃以下时，地上部迅速枯死，以地下部根株分蘗和分株上的休眠芽留存土中休眠越冬。茭白休眠期能耐−10 ℃的低温。

2. 茭白生长对水分的要求

茭白为浅水水生植物。茭白生长期间不能缺水，植株从萌芽到孕茭，水位应逐渐加深。一般从 5 cm 逐渐加深到 25 cm，才能促进有效分蘗和分株孕茭，并使茭肉白嫩，同时减少无效分蘗发生。水位最深不能淹没"茭白眼"，否则，会引起茎基部节间拔长，茭肉缩短，降低产量和品质，甚至变为灰茭。

3. 茭白生长对光照的要求

茭白生长和孕茭都需要充足的光照，不耐荫蔽，但夏季气温高时要注意适当遮阴。茭白为短日照植物，在短日照条件下，才能抽生花茎和孕茭。众多品种中，一熟茭的这一特性较明显，而两熟茭则对日照长短的反应不敏感，短日照和长日照条件下都能孕茭。

4. 茭白生长对土壤的要求

茭白的适应性较强，对土壤要求不十分严格。以土层深厚，富含有机质、保水保肥力强的黏壤土或壤土种植为宜。要求土壤耕作层达20～25 cm，有机质含量达 1.5％以上。土质呈微酸性或中性，土壤 pH值6～7。

（四）生长习性及生长周期

1. 生长习性

茭白有秋产单季茭和秋夏双季茭两类。这两者均用分株繁殖，长江流域单季茭在清明至谷雨分墩定植，夏秋双季茭可分春秋两季，春栽在谷雨前后，秋栽在立秋前后。

2. 生长周期

其整个生长期分为萌芽期、分蘖期、孕茭期、休眠期四个阶段。

（1）萌芽期（40～50 天）。休眠芽萌发至 4 片叶；栽培茭白以短缩茎和根状茎在土壤中过冬，从翌年春天开始萌芽。入春后 3、4 月开始发芽，最低温度 5 ℃以上，以 10～20 ℃为宜。

（2）分蘖期（120～150 天）。主茎抽生分蘖，至地下、地上茎分蘖基本停止，主茎开始孕茭；茭白从定植经过 10～15 天后返青，即进入分蘖期，至孕茭结束为分蘖期。自 4 月下旬至 8 月底，每一株可分蘖 10～20个以上，适温为 20～30 ℃。

（3）孕茭期（15～20 天）。茎拔节至肉质茎膨大充实；茭白肉质茎的形成，生长点由于受黑粉菌的刺激而膨大形成肉质变态茎。双季茭 6 月上旬至下旬一次，8 月下旬至 9 月下旬又一次。单季茭 8 月下旬至 9 月上旬才孕茭，适温 15～25 ℃，低于 10 ℃或高于 30 ℃，都不会孕茭。

（4）停滞生长和休眠期（80～120 天）。休眠芽越冬开始，至翌春休眠芽萌发；越冬的茭白地上部分和地下茎开始进入休眠期。孕茭后温度在 15 ℃以下分蘖和地上生长都会停滞，5 ℃以下地上部枯萎。

（五）茭白优良品种介绍

1. 浙茭 2 号

浙茭 2 号为双季茭白中熟品种，茭形较短而圆胖，表皮光滑、洁白，质地细嫩，无纤维质，味鲜美。田间生长势较强，叶色青绿坚挺，抗逆性强，适应能力广，优质，高产。

2. 水珍 1 号

水珍 1 号茭白为双季茭白属中晚熟品种，适宜春栽，耐高温，夏茭产茭高峰期为 6 月 10 日—20 日至 7 月 10 日—20 日，秋茭高峰期为 9 月 10 日—20 日至 10 月 1 日—10 日，适应能力广，高产优质，亩产 1 786～1 986 kg。

3. 丽茭 1 号

丽茭 1 号茭白生长势强，株型较紧凑，茭白个体较大，外观洁白光滑，肉质细嫩，亩产 1 500～2 000 kg，适宜在海拔 400 m 以上高山地区种植，成熟期在 7 月 20 日—30 日到 8 月 10 日—20 日。

4. 硬尾茭白

硬尾茭白的嫩茎纺锤形，长 17 cm，横径 6 cm，具 3～4 节，单茭重 15～20 g。耐热耐肥，肉白色，结茭部位高。品质佳，亩产 1 250～1 500 kg；华南地区 9—10 月收。

5. 无锡晏茭

无锡晏茭分蘖旺盛、晚熟、茭笋肥大、品质最佳、产量高，茎表面有许多瘤状突起皱纹，色白，亩产秋茭 750～1 000 kg，夏茭 1 250～1 500 kg。

二、茭白栽培及管理

（一）品种选择

一年生和多年生栽培的茭白选择单季茭品种，如金茭 1 号、丽茭 1 号、八月茭、一点红、嘉兴市兴篁茭等。两年生栽培的茭白，选择双季茭品种，如台州市黄岩区的黄茭 1 号、浙江的梭子茭、浙茭 2 号、浙茭 3 号、浙茭 911 号、浙茭 7 号等。

在将海拔 500 m 以上丘陵山区进行生产，应选择适宜高山地区栽培的"高山茭白"品种。如美女茭、丽茭 1 号、金茭 1 号、金茭 2 号、鄂茭 1 号。也可以种植优质双季茭白品种"双季单收"，如浙茭 2 号、浙茭 3 号、浙茭 6 号、浙茭 7 号、浙茭 911 号等。同一地区海拔 500～800 m 的区域选择中晚熟品种，海拔 800 m 以上区域选择早熟品种，以延长市场供应期。

（二）选种育苗

可选择晚熟和产量高的双季品种栽植，也可选择上市早和产量高的单季品种栽植，主要根据市场和当地的环境而定。茭白用分蘖、分株进行无性繁殖，粗放栽培直接将老茭墩进行分墩栽植，精细栽培则进行一次育苗，以培育壮苗和增加复种次数，可以提高茭白产量。目前，夏季、秋季茭白常用的选留种技术有湖北株选法，江苏苏州夏茭墩选、游茭选种法和苗茭选种法，浙江黄岩露地带胎育苗法，浙江桐乡"二段"育苗法，浙江缙云薹管寄秧育苗法等。

1. 茭白采用分蘖繁殖

茭白因其种性容易变异，必须年年选择母种留种。

选择将老茭墩进行分墩种植，一般选取生长强健、无病害和无雄株的茭墩，然后用刀切割它带泥的小墩茭白根作种苗，每亩地要 1 000 多个。在上季茭白采收时就要进行种株筛选，要求茭白长势整齐，产量高、品质好，种株健壮无病，薹管短，分蘖强，分蘖紧凑，有效分蘖达 15～20 个，剔除灰茭、雄茭，做好标记。茭白采收完后，将地上部分割除，保留约 30 cm 高，把选定的种株连根挖出，进行种植，如果不能及时种植，可泡在清水中存放数日。

2. 优良母株的标准

生长整齐，植株较短，分蘖密集丛生；叶片宽，先端不明显下垂，各包茎叶高度差异不大，最后一片心叶显著缩短，茭白眼集中色白；茭肉肥嫩，长粗比值为 4～6；薹管短，膨大时假茎一面露白，孕茭以下茎节无过分伸长现象；整个株丛中无灰茭和雄茭。此外，茭白包茎叶的平均宽度和由心叶向外数第二片叶的宽度，与茭肉质量呈正相关，这种相关可作为选种的参考。

种株选好后，作出标志，次年春苗高于 30 cm 时，将茭墩带泥挖出，先用快刀劈成几块，再顺势将其分成小丛，每丛 5～7 株。在分裂时尽量减少伤花茎。分墩后将叶剪短到 60 cm 左右，减少水分蒸发。

3. 单季茭白和双季茭白的选种

一熟茭白，在秋季采收过程中进行选择。两熟茭白，在夏季或者秋季选种。把符合标准的做好标记，收割后取地上部分留在土中越冬，第二年的春季挖起来分株繁殖。把不作为种用的老茭白根茎挖除掉。在夏季选种时应该选择孕茭率高的种株，进行夏栽或秋栽。当年秋季孕茭时，要淘汰劣株，到次年再进行分株繁殖。

4. 寄秧育苗

茭白冬季寄秧是茭白高产栽培的一项重要措施。可在旱地或水田进行，寄秧田一般选择在第二年种植茭白的田块附近。寄秧时间是在元旦节至1月20日中间。冬至前后齐泥割去地上部枯枝残叶，整墩或部分老墩上的短缩茎（薹管）带分蘖芽距地面5～7 cm连泥挖起，寄植于秧田；寄秧育苗秧田与大田的比例为1∶5。或将引进茭白种墩寄育在稻田。所寄稻田应容易进水，能保水，种墩绝大多数插进泥中，排列好，施肥上水度过冬天，来年2月出芽，冬季不可以停水，3月上旬追肥1次，保持3～6 cm水位。确保每墩生产制造8～20株苗。清明前后直接分墩，种植于大田。该育苗效益比传统繁苗方法提高3～6倍。

5. 分墩繁殖

一是寄秧后分株繁殖，当年秋茭采收后将选好的种茭墩挖出移至秧田中，通过秧田管理促进分蘖，到翌年3月中旬至4月上旬分墩，将种墩用刀劈成若干个小墩定植到大田，由于此时分蘖苗少，一般将含1个老薹管的小种墩作为1棵定植苗，也可待茭墩植株分蘖萌发后再分株定植，即采用桐乡的"二段"育苗法等方式，可提高繁殖系数和繁苗效率。二是分株直接定植，夏秋季茭白采收后将选中的种茭墩按薹管分株定植到大田。1株含1薹管。以上2种育苗方法繁殖系数均不高，且需要种苗数量较大。

春季定植的茭白，在12月中旬至来年1月中旬育苗，夏、秋季定植的茭白，在4月上中旬进行育苗。育苗田应选择大田附近、灌排方便、土地平整、向阳通风的水田，施足基肥有机肥200 kg/亩，育苗田与大田的面积比例通常为1∶（10～15）。在优良种株采收后将种茭丛连根挖起选择地表以下带1～2节薹管的种株，按每个育苗小墩带有1～3根薹管分开，并及时在田间摊开晒苗，待植株外叶干透、根部土壤略发白、苗体脱水5%左右时再扦插。扦插时每个育苗小墩株行距10 cm×10 cm。深度以老茎和根部入泥为宜。扦插完成后及时搭盖小拱棚，并覆膜保温。茭白移栽时挖出秧苗小墩，用利刀劈开分株。按每株3～5根健全的分蘖苗，每个分蘖苗有3～4张叶片的要求进行分切，分切时不能损伤分蘖芽和新根。定植时应随起苗、随分株、随定植，采取大小行距栽培，小行距为60～70 cm，大行距80～90 cm，株距50～60 cm，栽植的深度一般以老根埋入土中 10 cm，老薹管齐地面为宜。

（三）整地施肥

茭白田宜选择光照充足、通风、土地平整、土壤肥厚、水源充足、排灌方便的水田。因茭白吸肥多，消耗地力，连作会影响生长，使产量和质量下降。春季栽植的茭白，前茬为晚稻、冬菜等，夏、秋季栽植的茭白，前茬为早稻、早藕等，故以 2～3 年轮作 1 次，并以旱田作物为前茬，进行水旱轮作。茭白田前茬作物出茬后，应立即进行深耕，耕深约 20 cm，使土壤熟化疏松，深耕时施足基肥，基肥宜用有机肥，如绿肥、草塘泥、厩肥或农家肥等，尽量不施化肥。每亩施高效有机肥 500 kg 以上，施肥后再翻耕 1 次，使肥料与田土混合均匀，然后灌水耥平。整地的同时，要在茭白四周筑田埂，防止漏水，田埂高约 50 cm，底宽 60～80 cm，顶宽约 40 cm，其间灌水高度不超过 20 cm。

高山茭白栽培技术要点：高山茭白栽培技术除了早定植外，还应早追肥、及时追肥，促使植株早发，及时满足植株萌发、分蘖、孕茭及茭白膨大的营养需要。

（四）移栽

茭-渔综合种养最好采用宽窄行种植方式，可以方便农事操作和大田套养。单季茭白 5 月中旬至 6 月上旬进行定植，9 月底 10 月初收割；双季茭白 7 月初定植，10 月底收割第一季，次年 5 月收割第二季。种植品种应根据情况合理选择，主要考虑产量、品质、熟期和抗性等几个方面。茭白忌连作，一般 3～4 年轮作一次。

宽窄行栽培，宽行 80 cm、窄行 60～70 cm、株距 50 cm；也可行距 70～90 cm、株距 60～70 cm 进行栽植。栽植密度每亩 1 000～1 500 穴为宜。在水田土温 10 ℃以上时进行移栽，栽植深度以老根埋入土中，或以秧苗白色的基部入土即可，深 10～15 cm，没有浮起为宜。为了便于茭白苗管理，每移苗约 8 行，留 1 条操作道。定植前约 20 天和定植前 1～2 天各拉黄叶 1 次，把茭秧下部与假茎分开的老黄叶鞘剥除。

此外，茭白栽植又称莳茭，按莳茭的时间又分为春栽和夏秋栽两种。春栽于 4 月上中旬栽植，夏秋栽于 7 月下旬到 8 月上旬栽植。春栽栽植时先把茭秧掘起，去除雄茭和灰茭，起苗后要把茭墩分成小墩，每墩有分蘖 3～4 个，茭苗株高不超过 50 cm，超过部分用快刀割短，以减少蒸发（图 3-1）。

图 3 - 1　茭白宽窄行种植栽培

（五）田间管理

1. 施肥

茭-渔综合种养，施肥以有机肥为主，施足基肥，适时追肥，栽植后要施提苗肥、分蘖肥和催茭肥。茭田追施化肥，宜将田块分为两半，间隔数日分块施肥，注意不要将肥料直接施入鱼沟。提苗肥：春栽的新茭在栽后约 10 天，每亩施农家肥 200 kg，秋栽的新茭因当年生长期短，只在移栽后约 15 天施肥 1 次，每亩施农家肥 500 kg 或尿素 5 kg。分蘖肥：在移栽后约 15 天追施，亩施农家肥 1 000 kg 或尿素 20 kg。催茭肥：在 8 月中旬前后，新茭大部分分蘖已进入孕茭期，假茎已发扁，开始膨大时施肥，亩施农家肥 1 000 kg 或尿素 25 kg。夏茭从萌芽到孕茭只有约 3 个月时间，追肥应以速效肥为主，清明前后约 10 天，当苗高 9～12 cm 时，开始追第 1 次肥，亩施农家肥约 500 kg，7～8 天后，亩施农家肥 500 kg，并加入尿素 7～10 kg。锌肥有促进分蘖、提高孕茭率和早期产量的作用，可作叶面肥喷施，用 0.1%～0.2% 的硫酸锌溶液在苗期、分蘖期和孕茭期喷 2～3 次，亩用肥液约 4 kg。

2. 水分管理

茭白生长期需水量较大，水分管理十分重要。水层遵循浅-深-浅的原则。移苗后灌水约 1 cm，成活后水位加深到 5～7 cm；定植后到分蘖中期，田间保持低水位，不超过 6 cm 为宜。分蘖后期增加水深到 12 cm，利用深水来控制无效分蘖。孕茭期水位控制在 15～20 cm，但不能超过"茭白眼"的位置（最高水位不宜超过假茎的 2/3）；能够促进孕茭，防止阳光直射，使茭白肉变青。夏季高温时期需加深田间水位；暴雨时节控制排水口 10 cm 以上为溢水，做好防逃措施。

保证水质，每月用生石灰 10～50 kg/亩兑水喷洒一次，溶氧量控制在 3 mg/L 以上，pH 值控制在 7.5 左右，水质较差时需换水，每次换水不超过田间水体的 1/3。采茭期降低水位，便于农事操作。调节水位时，要防止水位过低导致杂草生长，增加管理成本，引水灌田要避开除草剂使用高峰期。在每次追肥时，田间见干见湿保持湿润，使肥料溶解和吸收，再恢复到原水位。如遇暴雨天气，应注意及时排水，防止因水位过高而造成薹管伸长。进入休眠期和越冬期，茭田应保持 2～4 cm 的浅水或湿润状态；冬季老茭田水位在 5～10 cm。

3. 植株管理

无论一熟茭还是两熟茭，栽植当年只产秋茭，田间管理基本相同。

进入分蘖期后，及时进行中耕，提高土壤通透性，加速分蘖。分蘖后期株丛过多，疏去弱苗、过密秧苗，并及时摘除老叶、病叶，增加田间透光率和透气性。

（1）疏苗补苗。南方栽种的双季茭白每墩茎蘖达 15 根以上，苗高近 30 cm 时，应做疏苗，拔除太密小分蘖，每墩留合理分蘖 15～20 根；疏密留希，疏弱留壮，疏内留外；疏苗后茭墩正中间压一块泥，使植物分布均匀，通风透光。

（2）除草、剥叶。春栽茭白田，田间管理包括耨田、打老叶、除蘖、去杂、割残株等技术。

1）除草：茭白定植成活后，需进行耨田，拔除杂草。茭白因稀植空间大，杂草容易滋生蔓延，需除草。除了施肥外，还要进行田间除草，一般从栽植成活后到田间植株封行前应进行 2～3 次，但要注意不要损伤茭白根系。中耕除草分别在栽后半个月和封行前进行，以疏松土壤消除杂草。

2）剥叶：中耕剥叶，从栽植到封行期间要进行一次剥叶，剥叶与除草同步进行；即在耨田、拔除杂草的同时，还需将枯黄茭叶从叶鞘基部拔除，踩入田中作肥料。剥叶主要是剥去植株上的老叶、黄叶和病叶。剥黄叶时要注意保护绿叶，避免伤害植株。在盛夏高温季节，长江流域一般都在 7 月下旬到 8 月上旬，要剥除植株基部的黄叶随即踏入行间的泥土作为肥料，以促进通风透光，降低株间温度。

清除黄叶、老叶时，做到"拉叶不伤苗，行间无倒苗"。拔除老叶不仅使田间通风，而且可降低第一代大螟、二化螟幼虫虫口密度。一般每隔 7～10 天进行一次，整个生长期共剥 2～3 次。此外，茭白分蘖后期（7月上中旬），新出现的小分蘖基本是无效分蘖，也宜及时拔除。

（3）冬季管理。秋茭收获后，于冬季将田间植株，残留茎叶齐泥割除并烧毁。冬季植株地上部分全部枯死后，齐泥割去残枯茎叶，保留土中生长健壮的分蘖芽，这样来年萌生新苗可整齐、均匀。割枯叶有三深三浅的原则：分蘖力强的晚熟品种要深割，分蘖力弱的早熟品种要浅割；排水良好的土壤要深割，常年积水的土壤要浅割；长势强、薹管多、芽多的要深割，反之，要浅割。保持田间清洁和土壤湿润过冬（越冬期间应保持 2~3 cm 的浅水层或湿润状态即可）。切割处理：在冬季来临前，将茭白植株剪短至地面以上 10~15 cm；然后清除残留的茭白秧苗和叶片。这样可以减少植株的水分蒸发和养分消耗，有利于越冬生长。此外，可以使用覆盖物如农膜或农棚来保温，提高茭白植株的越冬能力。当气温将降到-5 ℃以下时应及时灌水防冻。

（4）灰茭、雄茭的防控。众所周知，茭白是由于黑粉菌寄生在茭白植株后产生的，但是由于每个植株分蘖的时间、数量、生长速度和管理水平的差异，可以产生不同的产品。

1）雄茭和灰茭的辨别方法。正常茭：茭白在正常肥水管理效果较好的情况下，植株被黑粉菌菌丝侵入后，可形成嫩白色的肉质茎，不会变成灰色。其增长特征是植株矮小，叶子较宽，上部自然下垂，最后一片叶子明显缩短，叶子颜色清淡。当茭白肉膨胀时，它在叶鞘的一侧分裂。雄茭：植物中没有黑粉菌，茭白根茎不会膨胀，甚至可以在夏季和秋季开花结果。雄茭生长特征是植株高，生长势强，叶片宽，呈深绿色，先端下垂，比正常茭白多叶脉，在早期就有突出的征兆。灰茭：植株被黑粉菌侵入后，在扩大的肉茎中产生不同程度的厚孢子，横切面有黑点但它们仍然可以食用。在另一种情况下，整个茭白肉充满黑色厚垣孢子，形成一包黑灰，这是不能吃的。一般来说，灰茭是在秋季孕茭期间温度下降时形成的，夏季茭白中不会出现。其生长特点是植株较高，生长略强于正常，叶片较宽，叶片为深绿色，叶鞘为黄色，成熟较晚，膨大茎略小，老化时不会开裂。

2）雄茭、灰茭和正常茭的形态比较。雄茭、灰茭和正常茭的形态比较见表 3-1。

表 3 - 1				雄茭、灰茭、正常茭的形态			
类型	茭株高度	长势	分蘖	叶色叶宽	叶二间脉间的细脉（最大值）/条	菱茎	地下茎长度
雄茭	高大，240 cm以上	强	多	叶宽，叶尖下垂	11	圆形，不膨大，中空，薹管细长	发达，100 cm以上
灰茭	较高，220～240 cm	好	一般	叶色较绿，叶较宽	10	秋季孕茭初期切开茭肉可见黑色斑点(孢子堆)	较发达，60～100 cm
正常茭	200～220 cm	中等	稍疏	叶色较浅，叶较窄	9	茭茎膨大	不发达，株高50～70 cm的茭白无地下茎

从表 3 - 1 中可知，雄茭植株长势较正常茭旺盛，灰茭株高高于正常茭；雄茭的出叶数大于正常茭，雄茭、灰茭和正常茭的叶脉数不同，雄茭最多，其次为灰茭，正常茭最少；雄茭较灰茭和正常茭植株分蘖数多；根状茎萌发的分蘖苗易形成雄茭，而地上茎萌发的分蘖苗的雄茭形成概率较低。

3）雄茭和灰茭的防治：茭白最理想的孕茭温度是 24～25 ℃，环境湿度在 85%～95%，太高太低可能会影响孕茭。灰茭和雄茭无任何经济价值，它们的后代不是茭白，一旦发现应立即处理掉。因此，在茭白的培育和种植过程中，必须选用优良茭白品种，注重种株的更新和优化，坚持年年选种、择优选种，保持其优良的基因；秋茬茭白采收时，对雄茭、灰茭的茭墩做好标记，采收结束后将其挖除；优化茭白田间生长环境，谨慎使用杀菌剂，从根本上降低雄茭和灰茭的发生概率，以有效提升茭白产量和质量。

4. 病虫草害防治

在茭-渔综合种养的情况下，病虫害以绿色防控为主。可用农业、物理、生物防治的方法和选用对口无公害农药进行综合防治。例如：生石灰消毒、安装杀虫灯、悬挂黄板、使用生物农药等。

茭白的主要病害有茭白锈病、胡麻斑病、纹枯病，危害叶片和肉质茎，使叶片和肉质茎枯黄干死，特别是高温季节发病严重。在茭白进入孕茭期后，禁止使用杀菌剂，以免杀死黑粉菌，造成茭白不孕茭，因此防病必须在植株生长前期（分蘖之前）进行。茭白的主要虫害有长绿飞虱、大螟、二化螟、蓟马、蚜虫等。农药使用应符合 NY/T 393—2013《绿色食品　农药使用准则》，禁用鱼类、虾蟹类等高度敏感的含磷药物、菊酯类和拟除虫菊酯类药物。例如：茭白病虫害采用高效低毒农药，胡麻斑病可用 50％扑海因 1 000 倍液或 50％多菌灵 500 倍液防治，纹枯病用 5％井冈霉素 300 倍液防治，绿飞虱、大螟、二化螟、蓟马、蚜虫等亩用 20％氯虫苯甲酰胺 10 mL 和 50％吡蚜酮 12～18 g，辅以频振式杀虫灯和性引诱剂诱杀灭虫。用药时降低田面水位将鱼群全部集中至大围沟，禁用除草剂、碳铵等有毒有害农药肥料。喷药时应加深水体，确保水体中的药物浓度对鱼类无害，结束后立即换注新水，将对鱼类的影响降至最低。

防治草害：①人工除草。从萌芽（或栽植）到植株分蘖基本封行期间，需人工除草 3～4 次。②物理防控。栽种活棵后淹水控草，淹水深度不可以超出茭白心叶，田间放养繁殖浮萍覆盖遮光防草。③养鱼防控。茭白种植后，田间养鸭或放养草食性鱼类为主来控制杂草。在茭白-渔综合种养情况下，茭田禁用任何除草剂。

三、采收和贮藏

（一）采收

山区茭白一般在 7 月上旬开始孕茭，8 月中旬至 9 月上旬采收，比平原地区秋茭提早 20～30 天采收。一般从开始孕茭到采收需 14～18 天。采收过早，肉质茎尚未充分膨大，产量低，采收过迟，则茭肉变青，质量下降，且易形成灰茭。采收时削去薹管，切去叶片，留叶鞘 40 cm，带叶鞘的茭白浸在清水中可贮存 3～5 天（若采用冷库贮藏，可保鲜 60～70天），每隔 3～4 天采收 1 次。一般亩产壳茭 1 600 kg 左右。

（二）贮藏

茭白短期贮藏保鲜主要采用冷凉清水浸泡。茭白带壳采收后，保留约 3 片壳叶，用统一规格修整（切除顶部的多余叶鞘，基部保留薹管）1～2 cm 齐切，用编织袋或网袋包装后，使茭白浸泡于清水、井水或山泉水中，以流水为宜，或定期换水，冷水浸泡可保鲜约 7 天。茭白的贮藏环境要求温度为 0～2 ℃，相对湿度为 95％～98％，采收后迅速预冷及时除去田间热，对茭白贮藏极为重要。茭白采收时带根 3～5 cm 长，茭壳开裂一条缝隙时采收，采收时防止茭白进水，将整理好的茭白装箱，入冷库堆码，维持推荐的温度和湿度，可贮藏约 2 个月。冷藏条件下配合薄膜小包装，对保持茭白新鲜度、减少失水有着良好的作用，可采用 0.04 mm 厚的调气透湿袋扎口贮藏，每袋装 5～10 kg。另可晒制茭白干。

第二节　茭白-渔种养模式

茭白作为水生蔬菜，种植过程中，淹水期较长，利用水体资源养鱼、养虾、养鳖、养鸭等，实现茭白种养结合，可提高生产效益。茭白种养结合模式有茭鱼种养、茭鸭种养、茭虾种养、茭螺种养等多种模式。茭白田适宜养殖的鱼类有鲫鱼、草鱼、鲤鱼、鲶鱼、鳊鱼、罗非鱼、泥鳅及鳝鱼等，还可套养中华鳖、小龙虾、蟹、螺、青蛙、禽鸭等动物。茭白田每亩可养 5～6 cm 鱼苗 50 kg。茭鸭种养模式可免去人工除草，每亩可放养 3 周龄鸭苗 30 只。鱼类、鸭等通过摄食、除草、吃虫、排泄等为茭田施肥，改善茭白田间环境。

一、茭白-鱼种养模式

利用茭田丰富的水体资源及良好的荫蔽环境，通过田间工程改造，形成茭鱼种养模式。茭苗的稀植和茭株的荫蔽使茭田成为遮阳池塘，茭田为鱼群提供良好的活动空间和丰富的饵料资源，避免夏季高温对鱼群觅食的影响，促进鱼类的生长。鱼群在茭田的觅食活动，能为茭田除草，清除茭株下部近水余叶，捕食茭株基部害虫，改善茭田通风状况，同时鱼的排泄物作为良好的有机肥持续肥田，促进茭株生长孕茭。茭鱼种养模式节肥减药，同时收获茭、鱼产品，大幅提高茭田产值，也为"网箱养鱼"的转型开发了途径（图 3-2）。

图 3-2　茭田养鱼模式

1. 田间工程改造

根据田块形状、大小、地理位置、水源等情况，茭鱼种养模式可采用"平田式""沟凼式""垄沟式""大围沟式"等，其中"沟凼式"最为普遍通用，不规则的小田块则推荐"平田式"，冷浸田、烂泥田推荐"垄沟式"，连片平整田块推荐"大围沟式"。以"大围沟式"为例进行田间工程改造，选择排灌方便、通风、向阳、保水性能的连片田块，多以10～30亩为一区，田块四周开挖深1.5 m、宽约2.0 m的围沟，并以此泥加宽加高外埂，做好进排水口，预留入田机耕道。具体参见第一章中的"养殖水田工程建设"。

2. 茭白种植

选择单季茭白或双季茭白种植均可。如选择双季茭白新品种浙茭7号，大田春栽可于4月上中旬直接分墩种植，秋栽则先分墩于秧田继续育苗，夏秋栽在7月下旬定植，行距70～90 cm、株距60～70 cm，每亩移栽1 000～1 500株。

3. 鱼苗投放

可将草食性鱼类（草鱼、鳊鱼等）、滤食性鱼类（鲢、鳙等）及杂食性鱼类（鲤、鲫、罗非鱼等）按一定比例混养，主养鱼与配养鱼的比例一般为（7～8）：（2～3）。例如，鱼种以鲤鱼为主，混养草鱼、鲫鱼；鲤鱼占60%～80%。鱼苗的投放规格以约100 g/尾，50 kg/亩为宜，鱼苗投放前田间用生石灰消毒，1 m深的水体用生石灰20～25 kg/亩，选择晴天上午或傍晚投放至大围沟，鱼苗投放时需缓慢调节运鱼器内水温与围沟水温尽量一致，温差不超过3 ℃。

茭白田养殖食用鱼时，宜在春季定植的茭白田进行；夏秋季定植的双季茭，其秋茭田因季节短，一般不宜放养鱼类；在双季茭的夏茭田养鱼时，应在夏茭采收后采用小池连养，或继续在秋季定植的茭白田内放养。

4. 饲养管理

适量投饵在充分利用茭田中杂草、昆虫、丝状藻类、浮游生物的基础上，可人工投饵，饵料主要有麦麸、小麦、米糠、酒糟、玉米面、菜叶、配制饵料等。按照"四定"原则进行投饵。定时（固定每天早上8：00—9：00，下午4：00—5：00）、定点（固定在围沟水较深的地点投饵）、定种类（基本保持每天饲料种类一致）、定量（鱼重的3%～5%）。晴天投饵，阴天、雨天酌情少投或不投。

5. 鱼病防治

以"预防为主，治病为辅"的原则，通过水体消毒和混合饲料来防治鱼病。常见鱼病主要是细菌性皮肤病、烂鳃病、肠炎等，每亩用漂白粉 0.2 kg 兑水喷施可治鱼类细菌性皮肤病和烂鳃病，鱼肠炎可用大蒜防治，用鱼重 1% 的大蒜制成糊状，与饵料拌和后连续投喂。将青蒿、鱼腥草、大蒜头粉碎与鱼饵混合投喂，能增强鱼的抵抗力，有利于鱼病防治。

6. 田间管理

注意防范鱼类天敌，如在田埂放置毒饵站以捕杀老鼠，在茭株封行前需用防鸟光带驱鸟，尤其要加强对白鹭的防范。水分管理、植株管理以及病虫草害防控等相关的田间管理措施，参见本章第一节中的"田间管理"。

7. 适时捕捞

成鱼捕捞一般在鱼苗投放 3 个月后进行，缓慢降低田间水位使鱼从田面转移至大围沟，用抄网捕捞，捕大留小，大的出售，小的留沟续养，冬闲灌深水养鱼。

二、茭白-小龙虾种养模式

茭白-小龙虾生态种养是一种"以茭白种植为主，小龙虾养殖为辅"的生态养殖模式，茭白田水浅、水质清新、阴凉，有丰富的饵料生物，为小龙虾提供良好的栖息环境和部分天然饵料。小龙虾还能捕食茭白的害虫，摄取杂草，其粪便又可以作为茭白的肥料，促进茭白的生长。茭白田中套养小龙虾，既能减少农药化肥投入，又可以获得优质的小龙虾，小龙虾的活动还能疏松土壤，可以促进茭白的生长。

1. 田间工程改造

茭白种植田块应该通风、向阳、排灌方便、保水性能好，一般面积以 10～30 亩为宜。根据茭田面积合理开设养殖围沟，以挖出的泥土加宽外侧田埂至 1.5～2.0 m 并夯实，做好进排水口及四周的防逃网。

2. 田间消毒施肥

先用生石灰消毒，15～20 天后按照茭白种植要求施肥、翻耕。每亩施发酵后的家畜粪便 1 000 kg，翻耕 20 cm。环沟内施 50～100 kg 腐熟鸡粪，注水深 50 cm，培育大型浮游动物。

3. 茭白种植

茭白的栽培原则上按照茭白的种植要求进行，但也要考虑小龙虾的养殖，对于小龙虾养殖中虾沟的布置，可以结合茭白的采摘通道进行布置，可以把采摘通道作为小龙虾的活动场所，但因为通道比茭白种植部分低，在采摘时，人只能在通道中行走，可能会对小龙虾产生伤害，可在采摘时适当提升水位，让小龙虾尽可能到茭白种植区活动，减少对小龙虾的伤害。

根据当地的气候条件和市场需求，选用优质、抗病虫、丰产性好的茭白品种。单季茭可选用北京茭、无锡茭等品种，双季茭可选用浙茭 7 号、青练茭 1 号、杭州茭、宁波茭等品种。茭白宽窄行种植。

(1) 单季茭。3 月中旬至 4 月上旬，苗高 15～20 cm 时分墩定植，每穴栽 2～3 株苗，每亩种植 2 500～4 000 株。

(2) 双季茭。2 月上旬，将茭白种墩分成具有 1～2 个薹管的小墩栽植于育苗田，行株距为 50 cm×50 cm；3 月下旬至 4 月中旬，苗高 30～40 cm 时将茭白移植至秧田，行株距为 100 cm×30 cm，单株栽植；7 月上中旬挖墩、分苗、割叶，将茭白定植于大田，宽行距 100～120 cm，窄行距 60～80 cm，株距 40～60 cm，每穴栽 1 株，每亩种植 1 000～1 200 株。

4. 虾苗投放

4 月中旬至 5 月初放养小龙虾苗种，小龙虾规格为 3～4 cm。单养的，每公顷投放 10 万～15 万尾；混养的，每公顷投放 4.5 万～7.5 万尾。有条件的可以每亩投放 100 kg 田螺。

5. 饲养管理

小龙虾的喂养以茭白田中的天然饵料为主，适当增加人工饲料的投喂，补充天然饵料的不足。饵料可以选择一些廉价的麦麸、黄豆、米糠、蔬菜等，一般 2 天投喂 1 次，只在晚上投喂，将饲料分撒于围沟。大豆蒸熟投喂效果更佳，饵料中添加 2% 的大蒜捣碎拌匀还可有效预防虾病。也可在 5—7 月小龙虾生长季适量投喂小鱼虾、田螺等新鲜活饵。

6. 田间管理

(1) 水质控制。水体透明度保持 30 cm。水体透明度低时需及时换水，采取夜间排水 1/4、白天补水 1/4 的方法换水。在天气闷热，发现小龙虾爬出水面，侧卧在水草上时，表明水中严重缺氧，需要加注新水增氧；最好是在茭田围沟安置增氧设施，以便及时开启。在雷雨天气，水位陡涨，防止小龙虾逃逸。茭虾模式禁用除草剂，如果杂草过多，可以人工除草两次，第一次在栽后 20 天，第二次在植株封行前，除草时应在前 1 天放水至露出底泥为止，让小龙虾进入虾沟。

（2）水位控制。①单季茭：按照浅-深-浅的原则进行水位管理。茭白定植至分蘖中期保持浅水位（水深3～5 cm），分蘖后期至孕茭期加深水位（水深15～20 cm），采收期保持浅水位。②双季茭：秋茭，按照深-浅-深-浅的原则进行水位管理。秋茭定植时保持较深水位，分蘖前中期保持浅水位，分蘖后期至孕茭期加深水位，采收期保持浅水位。夏茭，按照浅-浅-深-浅的原则进行水位管理。夏茭出苗期保持田间湿润，分蘖前中期保持浅水位，分蘖后期至孕茭期加深水位，采收期保持浅水位。

（3）肥料管理。单季茭，缓苗后至分蘖期，每亩追施缓释氮肥7～10 kg；定苗后每亩追施缓释氮肥10～15 kg、复合肥（15－15－15）20～25 kg，视植株长势隔20～25天再追施1次；孕茭初期每亩施复合肥（15－15－15）30 kg。双季茭，秋茭追肥3次，即缓苗后每亩追施缓释氮肥7～10 kg，分蘖初期每亩追施缓释氮肥10～15 kg、复合肥（15－15－15）15～20 kg，孕茭初期每亩追施复合肥（15－15－15）40～50 kg；夏茭追肥3次，即萌芽后每亩追施缓释氮肥5～10 kg，定苗后每亩追施复合肥（15－15－15）30～35 kg，孕茭初期每亩追施复合肥（15－15－15）30～40 kg。

（4）茭白病虫害。茭白病虫害主要有胡麻叶斑病、锈病、二化螟、飞虱等。以诱虫植物、昆虫性诱剂、杀虫灯等生态防控措施为主进行病虫害防治。

茭白田套养的小龙虾病害主要有烂壳病和烂尾病，一般发病较轻。可通过选用健康的小龙虾种苗、种苗消毒、控制套养密度等生态措施来预防。小龙虾苗投放前，用200 mg/L生石灰对水体进行杀菌消毒。小龙虾病害发生严重需要用药时，需遵循NY/T 755—2013的用药规定。

7. 收获

茭白的孕茭部位明显膨大、叶鞘一侧被肉质茎挤开露出0.5～1.0 cm宽的白色肉质茎时即可采收。秋茭2～3天采收1次，夏茭1～2天采收1次。在不影响茭白质量的前提下，采收间隔期可适当延长。在秋季采收茭白时，要在晴天上午采摘，阴雨天尽量不要采摘。小龙虾在放养2个多月以后，分4～5次捕捞干净，先把达到上市规格的捕捞上市销售，可干池捕捞，也可带水设置地笼网诱捕。

三、茭白-鸭种养模式

受稻-鸭模式启发，在茭白田开发茭白-鸭种养模式，利用茭白田的浅水及荫蔽环境为鸭子提供觅食栖息场所，利用鸭子的活动为茭白田中耕、除草、吃虫、清除茭株基部黄叶，鸭子的排泄物为茭白田持续提供有机肥以促进茭白生长。茭白田长期有水，茭白植株高大，可一年四季投放不同品种、不同规格的鸭群，茭白整个生长季节，至少可放养两批鸭。将茭白田作为长期养鸭场所，实现茭鸭双收，形成生态高效的茭鸭种养模式（图3-3）。

图3-3　茭白-鸭种养模式

1. 鸭苗的育雏与投放

预先做好鸭苗育雏棚（室），于4月初购买出壳鸭苗（绿头鸭、攸县麻鸭、江南一号水鸭、本地麻鸭等），保持育雏室内温度在30 ℃左右，饮水添加多维开口药，全价育雏饲料喂养15天，15日龄雏鸭接种禽流感疫苗，15至20日龄，饲料加稻谷投喂，20日龄可下田驯食。茭白返青后（定植10天后），每亩放鸭20只，雌雄比例为（5～10）∶1，以5～10亩为一大区，用防逃网围住，每个养殖大区靠近入水口或养殖围沟的田埂处搭建一个10～20 m²的鸭棚，棚底用田泥堆成高台，以便保持棚内干燥。茭白植株生长至50 cm以上时，可增加鸭子的投放量至30只/亩。茭白采收后，可再次加大投放量至50只/亩，可直接投放大鸭，加强控草效果。

例如：一茭两鸭（一季茭白田养两期鸭）时空耦合。由图3-4可知，茭白苗4月上中旬移栽，9月底10月初开始采摘，全生育期190天，而经育雏10天的鸭一般饲养70～80天即可养成成鸭。因为成鸭对露白肉茭有啃食现象，茭鸭共作期间必须做到成鸭不留结茭田。因此，一季茭白田养两期鸭时，第1期春雏鸭苗一般在5月下旬茭白分蘖初期施放，第2期夏雏鸭苗在8月下旬施放，且在鸭子养成前陆续收获茭白，至11月前后茭白采收完毕，鸭已养成（图3-4）。

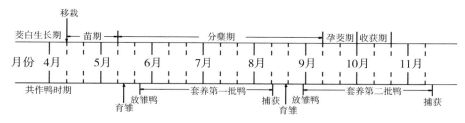

图 3-4 一茭两鸭模式种植与养殖时空耦合

2. 饲养管理

鸭子每日的投喂总量按体重的 10%，早上投喂总量的 30%，晚上投喂总量的 70%，每日投喂 2 次，早上宜喂少，晚上要喂饱。采用酒糟加豆渣混合密封发酵 4～5 天而成的自制饲料喂鸭效果良好，鸭子喂养 3 个月，体重达到 1～1.5 kg 即可出售。

3. 田间管理

茭鸭共育是预防和控制茭田害虫、杂草行之有效的生物防治措施。生物防控表现为鸭子的觅食活动捕食茭株基部菌斑、菌丝、基部 20 cm 以下害虫，以及围绕鸭粪的微生物群落对其他致病菌的抑制作用。养鸭茭田不需要使用除草剂，不使用或少使用农药。病虫害防治：采用生物防控、物理防控和化学防控相结合的办法；病虫害严重时，使用高效低毒环保型农药，用药时将鸭群圈养于鸭棚，待药效对鸭无害时再放鸭入茭田。此外，应注意敌害防控：鸭子的敌害主要由野猫、野狗、黄鼠狼、蛇等，需要在茭白田的四周布置 1.2 m 高的围网，并在茭白植株长高后，每个鸭群混养 2～5 只鹅。

4. 推广价值

茭-鸭生态种养模式易学易精，模式适应性强，投入小，易管理，风险低，产值高，见效快，可大面积推广。且模式经济效益明显，茭鸭双收，品质好、价格高，增收显著。同时还能节肥减药，除草控虫预防病害，生态效益良好。

四、茭白-鳖种养模式

1. 茭白的田间管理

茭白的田间管理与"茭白＋小龙虾"共生模式基本相同。

2. 投放时间、规格和密度

单季茭田 5 月初每亩投放中华鳖苗，规格约 350 g/只，双季茭田 7 月上旬投放，规格约 250 g/只，投放密度均为 150 只/亩。鳖苗雌雄分开放养。放养时最好选择连续晴好的天气。鳖苗下田前用 3% 的盐水浸泡消毒。如果鳖苗为温室培育苗，则下田时间应适当延迟，下田后有一个适应期，刚投放的中华鳖不能马上喂食，应相隔 5 天左右。

根据季节安排，在茭白定植后 10～15 天，放养 250～350 g/只的幼鳖。一般地，中华鳖幼鳖在茭白田中生长 9～12 个月，即可增重到 750～850 g/只，达到上市规格。

3. 注意

茭田四周按养鳖要求设置防盗、防逃设施，防盗网（采用瓷砖防逃）高度 1.0 m。田内开挖"田"字形沟，以便于鳖的活动与越冬。以 667 m² 茭田为 1 个养鳖田，每田边沟宽 1.5 m、深 1.0 m，中间沟宽 3 m、深 1.0 m，沟面积占田面积的 10%。根据种养需要在边沟四角各筑 1 个用竹片和木板混合做的饲料台，田中央筑一平台，供中华鳖晒背用。1 月下旬用石灰粉对茭白田块进行消毒（用量 5 kg/亩）。套养中华鳖田块在生产过程中茭白以基肥为主，视生长情况，适当追肥 1～2 次；茭白生长期间主要以吸收鳖的排泄物来满足自身所需养分。

有研究发现，中华鳖快速生长期与福寿螺的高繁殖期基本吻合，如果养殖原田有福寿螺的入侵，则福寿螺繁殖的数量越多时，同一田中的中华鳖天然食物来源就越充足，从而有效避免了中华鳖相互蚕食的现象发生。有福寿螺的茭白田套养中华鳖发现，福寿螺的集群习性有利于中华鳖的集体摄食，并且福寿螺的摄食声音会引起中华鳖的注意而前来捕食，从而能有效控制茭白田中的福寿螺危害。此外，在茭鳖共生池塘中，由于中华鳖的捕食，福寿螺的数量也会得到大大的削减。因此，茭-鳖种养模式，田间可增放田螺，以满足中华鳖的生长。

4. 中华鳖日常管理

（1）科学投料。在饲养过程中，每天定时定点投放饲料，饲料以田螺和小杂鱼、动物内脏等为主。日投放量约占鳖鱼质量的 5%，夏季旺长季节投食量适当增加。幼鳖刚投放时，每塘上午 10：00 投放 4 kg/亩小杂鱼，投放频率为 1 次/天，随着鳖苗的生长，投放量增至 8 kg/塘，投放频率为 5 次/天，投放时间为上午 5：00 和下午 5：00，同时 15 天投放 1 次田螺，投放量为 200 kg/亩。

（2）水质、水温调节。水质、水温对中华鳖的生长发育影响很大，注意观察水质并及时换水，注意控制水位，调节水温，不能用上块田的水灌下块田。特别是 7—8 月高温时期，对茭田的水质、水温要更加关注，一般 7 天左右换水循环 1 次，可放养浮萍降温（图 3-5）。

图 3-5　茭白-中华鳖种养模式

五、茭白-田螺种养模式

1. 田螺品种选择

应选择抗病性强、繁殖能力强、商品性好的品种。中华圆田螺壳薄肉鲜、营养丰富，市场接受度高，适宜茭田套养。

2. 种螺选择

种螺一般选择个大、体圆、壳薄且活力强的种螺，受惊吓能快速回缩使厣片紧盖住螺壳口的田螺，表明活力强。

3. 放养时间

茭白定植后放养种螺，放养时间不宜晚于 3 月中旬。中华圆田螺一般于 3—4 月产第一批螺仔，放养时间过晚将影响田间仔螺数量。

4. 放养密度

每亩放养 1 年龄以上成年中华圆田螺 50～80 kg，约 25 g/只；雌雄螺种按（2～3）：1 进行搭配放养。养殖 1 周年可产出 50 000 个以上的仔螺。

5. 田螺田间管理

（1）饲料投喂。田螺取食受水温影响较大，水温 20～28 ℃时田螺取食积极，每 1～2 天投喂 1 次，日投饲量为螺体质量的 1% 左右。投喂时间以傍晚为宜，沿茭白田四周往里均匀撒投。水温高于 30 ℃时或低于 15 ℃停止投喂。田螺食性较杂，可投喂豆腐渣、米糠、菜屑等。

（2）水分管理。田螺养殖期间，宜保持茭田水深 15 cm 以上，田水以长期微流水为宜，高温期需加大水流量，使田水中有充足的溶解氧，防止水温过高或者缺氧影响田螺生长。每天巡查观察水色、田螺活动等情况，夏季暴雨、洪水来临前应及时疏通排水渠道，加固进出水口防逃网。

（3）天敌及病害防控。田螺的天敌有田鼠、白鹭、鸭子等，须加强日常巡逻及时驱赶有害生物，有条件的可在茭白田周围加围网阻挡天敌入侵。除了蚂蟥为害和螺壳缺钙外，茭白田养殖的田螺发病较少，可通过稻草浸猪血诱捕蚂蟥，每亩茭白田每隔 1 个月施用生石灰 5～7 kg，可满足田螺对钙的需求。

（4）田螺采收。10 月上旬开始捕获中华圆田螺，捕获规格大于 25 g/只的田螺上市销售，小于 25 g/只继续留田至来年上市。要选择性地留下部分体形较大、壳形较圆、生命力强的雌螺作为种螺，以繁育更多仔螺。

以上茭-鳖和茭-田螺两种模式可以结合起来，形成茭-鳖-螺复合种养模式。此复合模式主打产品为茭白和中华鳖，田螺主要作为茭田鳖的动物蛋白饵料，在被吃之前又能起到净化水质的功能。具体可参照第二章中莲藕-田螺＋鳖＋鲫鱼模式和莲藕-鸭＋田螺模式。

六、茭白-泥鳅种养模式

1. 田间消毒

泥鳅苗放养前 10 天左右对茭白田块进行消毒，以杀灭田中的致病菌和敌害生物，如蛙卵、蝌蚪、水蜈蚣等，可将生石灰 30～40 kg/亩或漂白粉 1.0～2.5 kg/亩，均匀泼洒到茭白田中。

2. 泥鳅消毒

泥鳅苗在放养前也要进行消毒，以防止泥鳅体表疾病的发生，可用 10%聚维酮碘溶液 0.35 mg/kg 浸泡消毒 5 分钟，或 10 mg/kg 的高锰酸钾浸泡 5～10 分钟。

3. 泥鳅放养

4 月底至 5 月初，选择晴好天气放养。放养泥鳅有两种方式：一是选择体形好、个体大、无伤病、体表黏液正常的泥鳅作为亲本泥鳅进行繁殖，雌鳅选择体长 15 cm、单个质量 30 g 以上且腹部膨大的个体，雄鳅可略小，雌雄比为 2∶1，放养量为 20～25 kg/亩。二是放养长 7～8 cm、单条质量 4 g 以上的泥鳅苗，放养密度一般为 40～50 kg/亩。品种为本地泥鳅。

4. 泥鳅养殖管理

泥鳅水位控制同茭白相协调，养殖前期根据水色逐渐加水，后期视水质情况，可少量换水，换水不宜大排大灌。7—9 月，视水质情况，可每半个月以生石灰化浆后全池泼洒，改良水质。泥鳅投喂饵料可选用人工配合饲料或畜禽下脚料、杂鱼肉、蛆虫等动物性饲料，以及豆渣、米糠、麸皮等植物性饲料，投饲应视摄食情况、天气、水质灵活掌握，上下午各喂 1 次，日投饲量为泥鳅体重的 5%～8%，遇高温、台风、暴雨等极端恶劣天气可少投或不投。当年未起捕上市的泥鳅到冬季要增加田中水深度，并可在鳅沟中投施发酵畜禽粪便等，提高水温，促使泥鳅安全越冬。茭白-泥鳅共生模式技术流程见图 3-6。

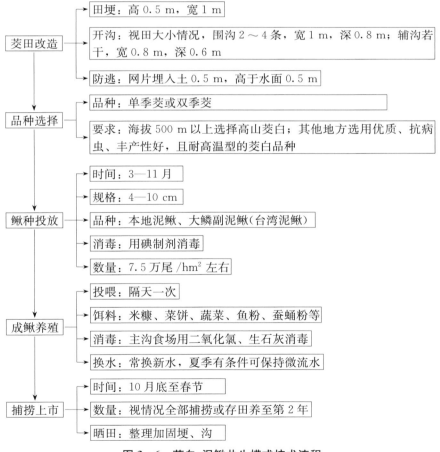

图 3-6 茭白-泥鳅共生模式技术流程

第四章　水芹-渔综合种养技术

  水芹属伞形花科水芹属多年生水生蔬菜。水芹原产中国，在我国分布极广，多为野生，亦有人工栽培，其中以长江流域种植面积较为集中。主要栽培地区分布在江、浙、皖、赣、鄂等地，优良品种和栽培方法各异，形成了不同形式的水芹生产模式。

  在气候凉爽、光照充足、短日照条件下，水芹的营养生长旺盛，在这个时期水芹主要以鲜嫩叶柄作为上市产品。在高温、长日照条件下，植株开始拔节、抽薹、开花，此阶段以采收嫩茎为主，且宜适当增加植株密度及严格控制水分管理。鉴于水芹上述特性，目前其栽培方式可分为两类：第一类以食用叶柄为主的栽培方式，可分为软化叶柄栽培、大棚润湿栽培和遮阳越夏栽培3种，软化叶柄栽培又可分为深栽软化栽培、培土软化栽培和深水软化栽培3种；第二类以食用嫩茎为主的栽培方式，可分为一年一茬采薹栽培和一年多茬采薹栽培两种。

  水芹作为一种具有独特功能价值的保健蔬菜，以其嫩茎和叶柄供食用，与普通芹菜相似，水芹质地鲜嫩，清香爽口，风味独特，营养丰富。其富含蛋白质、碳水化合物、钙、磷、铁等多种人体必需营养成分和膳食纤维、黄酮、萜烯等保健成分，具有良好的营养价值和药用保健功能，并具有特殊的挥发性香气。水芹在医疗保健方面，具有抗炎、高血压、高血脂、动脉硬化等作用，在临床上具有清热、利尿、防治乙肝、降血压和降血脂等医疗功效；在食疗功效方面，有清热利水、化痰下气、祛瘀止带、解毒消肿之效，并有明显的降压、镇静和抗厥的作用。水芹是一种药食两用的高档草本蔬菜。

第一节　水芹栽培技术

一、水芹简介及品种选择

1. 水芹品种简介

我国水芹品种较多，多与当地的生态环境和消费习惯相关，具有较强的区域性。按其叶形可分为尖叶和圆叶两种类型。

尖叶型叶片尖，植株较高，适合进行深水栽培。香味较淡，纤维含量较高，单株重量高，产量较高，如扬州长白芹、杭州水芹、广州水芹、庐江高梗水芹等。

圆叶型叶片近圆形，植株较矮，适合浅水或改良旱地栽培，产量相对较低，但香味浓郁，纤维含量低，如长沙大叶水芹、常熟白芹、伏芹 1 号、秋芹 1 号、春晖等。

2. 水芹生长习性

水芹生长以土质松软、土层深厚肥沃、富含有机质、保肥保水力强的黏质土壤为宜。水芹是喜凉性植物，与大多数水生蔬菜是喜温性植物不同，其耐寒不耐热。生长适宜温度 12～24 ℃，能耐 0 ℃以下的低温，10 ℃以下茎叶停止生长，25 ℃以上生长减缓甚至死苗。水芹适宜短日照季节生长，在我国大多数地区都利用低洼水田和沼泽地进行栽培，具有较高效益。水芹喜湿润、耐涝，最怕干旱，整个生长期间要有充足的水分，一般要保持一层浅水层，以不淹没叶片为度。水芹种子的发芽力强，幼苗生长缓慢，一般不用种子繁殖，都以茎部老黄茎叶水中越冬，翌年萌发供繁殖用。

3. 品种选择

开展"水芹＋N"综合种养，应选用适宜于深水栽培的水芹品种。

（1）苏芹。苏州市郊区娄葑乡地方品种。株高 50～55 cm。叶柄长 35～40 cm。小叶近圆形，叶片青绿色，叶缘有粗锯齿。叶柄上部绿色，中部白绿色，水中部分为白色。柄基部粗壮，生长势弱。纤维含量少，口感好。软化时耐深埋，适合较深水层栽培。

（2）小青种。常熟市地方品种。在常熟、昆山、张家港等地种植较多。株高 50 cm 左右。叶片绿色。茎和叶柄上部青绿色，水中部分绿色。茎中空，植株紧凑，生长快，抗冻能力强。经冰冻后叶色仍保持绿色。

适合较深水层栽培，亩产 3 300～4 000 kg。

（3）溧阳白芹。溧阳市地方品种。株高 45～50 cm。叶柄长 30 cm，叶片黄绿色。叶柄地上部分青绿色，土中部分白色。较耐肥，抗寒性较差。香味浓，口感脆嫩、微甜。旱作亩产 2 500～3 000 kg，水作亩产 4 000～5 000 kg。

（4）扬州白芹。扬州市地方品种。株高 70～80 cm。叶柄长 50～60 cm，叶片青色，叶柄中空有隔膜。叶片尖叶型，叶色绿，叶缘钝齿形。耐寒，耐肥，不耐热，抗病性强。纤维含量中等。有清香味，口感较好。适合较深水层栽培，亩产 5 000～7 500 kg。

（5）广州水芹。广州市地方品种。株高 70～80 cm。叶柄长 50 cm 左右，绿色。叶片浅绿色，小叶菱形。属尖叶型品种。耐肥，耐热，不耐寒。适合较深水层栽培，亩产 5 000～6 000 kg。

（6）泰州青芹。泰州市地方品种。株高 70 cm 左右。叶柄长 50 cm，绿色，圆形，中空。叶片淡绿色，小叶披针形。耐肥，耐寒。适合较深水层栽培，亩产 5 000 kg 左右。

（7）丹阳水芹。江苏省丹阳市地方品种。株高 90～100 cm，茎粗 0.7～1 cm，茎横切面菱形，节间处紫红色，从根基部分分枝。叶片长卵至披针形，长 4 cm，宽 1.4 cm 左右。在当地作为深水栽培品种。

二、水芹留种、排种及栽培方式

1. 水芹种茎质量要求及留种

（1）水芹种茎质量要求。水芹栽培主要采用无性繁殖，栽培时需要大量种株，种株的好坏关系到产量高低和品质的优劣。可在上年冬季选留生长健壮、分枝集中、节间较短的植株作种株，栽植于留种田。或者在采收结束后，选择无病虫害、长势良好的种苗进行留种。一般选择节间均匀、腋芽多而充实、无明显病虫害侵害的植株作母茎。

（2）水芹如何留种。留种宜选择地上部群体生长整齐一致、生长健壮、无病虫害的田块，淘汰病株、弱株、劣株以及不符合品种特性的植株，选留具有原品种的特征、生长高度中等、茎秆粗壮，节间较短，分株集中植株作种株。留种田应选择肥力适中、靠近水源、灌排两便的田块，注意氮、磷、钾肥的配合，防止氮肥偏多。栽植前耕翻耕平，适施基肥。将选好的种株拔起重新栽植，行株距 18 cm×20 cm，每穴栽插 1～3 株，栽植深度 10～15 cm，栽植后保持 5 cm 左右的浅水。留种田一般不追肥，如果生长瘦小，发株不旺，叶片直立，心叶或全株发红，应进行追肥，追肥量也应适当控制。保持浅水，炎热天要进行换水，排去宿水，换上清水。生长前期注意田间除草和疏苗，对生长过密者可疏去部分弱分枝，生长繁茂者可割去顶梢。5—6月种株高达1 m以上，抽薹开花，茎秆老熟，叶片枯黄，节上都生有小芽，此时不能下田践踏。此外，要及时防治蚜虫。

水芹的用种量：实行"水芹＋N"综合种养生产，一般每亩种茎用量为200 kg。

2. 选留种株、催芽及排种

（1）选留种株。水芹种宜从专用留种田内采集种茎，采集种茎的种株应具品种典型性状，生长健壮，无病虫为害或病虫为害较轻。水芹种株（种茎）应在深栽软化前选取，选择株高65～70 cm、茎粗0.8～1.2 cm、节间3～4 cm、健壮植株作为种株，移栽于预留好的留种田中，管理同浅水栽培。如遇寒潮，须及时灌深水，仅露上部绿叶2～3片防冻。寒潮后再排水，维持浅水。

（2）催芽。在8月中下旬，将种株连根拔起，洗净后除去顶梢，捆成小把，每根捆扎2～3道，粗20～30 cm。堆积在阴凉地方催芽。在捆扎之后，将种茎横一层、竖一层，并且交叉堆叠在不见太阳的树荫下或屋后北墙根，用稻草或其他水生植物覆盖，如果没有自然条件，可用遮阳网遮阴。每天早晚各浇清水1次，保持湿润，防止发热、防止霉烂。在凉爽、通风和潮湿的情况下，约10天，各节的叶腋长出1～2 cm的嫩芽；同时生根。这样发芽、生根的种茎即可播种，并且可以切成30～40 cm的长度。排种的可切成60 cm左右。早熟品种一般应予催芽，宜在栽植前15天采集种茎；晚熟品种一般不予催芽，宜在栽植前1～2天采集种茎。

（3）排种。水芹菜适宜播种期在9月初，想夺取高产，排种是基础，催芽后的种茎即可排种。排种的方法是，将催芽的种茎，茎部端朝田埂，梢端向田中间，芽头向上。排种时还要注意以下几点：①为保证密度，播种间距通常为6～8 cm，一般每亩种量约为200 kg。②露地栽培的，田面要平整以促进长芽生根，以实现生长一致。这一阶段最忌田面高低不平，高处干旱，不利扎根和长芽；低处积水，太阳晒热浅水烫坏嫩芽，待长成幼苗以后，逐步加深水层。

3. 水芹的栽培方式

定植有浮水栽培和露地栽培两种方式。浮水栽培一般是利用天然的塘口。露地栽培结合综合种养以深水栽培为主，可利用稻田、低洼湿地等，进行适当的田间工程设计和改造，需要预先开设好养殖沟和鱼凼。

水芹-渔综合种养的实施，水芹既可入土栽植，也可浮水栽培；入土栽植是指浅水栽培和深水栽培两种方式，但浮水栽培是利用自然池塘等进行生产，栽植需配合安放浮排。水芹为冬春食用的优质保健蔬菜。水芹多以莲藕为前茬，亦有在一熟茭采收后套种水芹，或采取水蕹菜-水芹轮作模式；近年来，利用芡实收获结束后再种水芹比较多见。水芹主要采用无性繁殖。水芹一般生产周期是 3 月开始培育母种繁殖茎，8—9 月大田排种栽培；水芹的供应期长，采收期从 12 月至翌年 3 月。根据灌水深度和软化方法，可分为浅水栽培、深水栽培和旱地节水栽培等。可根据水源条件和当地市场需求，因地制宜。水芹生长过程要求阳光充足，不耐遮阴。水芹菜可连续采收 3～4 年，但 4 年后，水芹菜的长势、产量、外观品质等都在逐批次下降，因此一般应 4 年轮换地栽培。

第二节　水芹的栽培

综合种养下，水芹的栽培方式主要有以下两种：一是浮水栽培，二是水田露地栽培。生产上可视具体情况而定。但露地栽培，水芹渔综合种养，需预先搞好水田工程建设。

一、水芹浮水栽培

1. 制作浮排

浮排框架采用直径 4 cm 的 PVC 塑料管，分别截成长 1 m 和 2 m 的小段，然后把相应配套的直角弯头套入塑料管，并用胶水密封粘牢联结制成 2 m×1 m 的矩形水平架，防止田水进入管内。再在框架中间均匀配置 1 根长 2 m、直径 1.5 cm 的小竹竿和 2 根长 1 m 的毛竹片撑紧并用铁丝绑扎加固。框架扎好后，用孔径 2～3 cm 的尼龙网（渔网）罩住整个框架；四周用尼龙线绑紧在 PVC 管框架上即可。或者孔径为 2 cm 的网格塑料片为床体，再用竹竿进行"十"字交叉固定而成。

或者用直径 8～12 cm 的竹子制成一个长 1.5～2 m、宽 0.8～1.2 m 的浮床矩形基架，在矩形基架内用尼龙渔网铺好固定，网目大小以不漏出水芹菜茎节为宜；或在围合区域内固定聚乙烯泡沫，再在聚乙烯泡沫上按 15～30 cm 的孔间距均匀打孔，孔径控制在 25～30 cm，将放了种植基质的种植篮放进孔内。

2. 田池准备

（1）选田筑埂。浮排水芹栽培对田块、池塘没有严格要求，除漏水田和池塘外均可种植，大棚或露地栽培均可。但为了利于鱼类生长，宜选用壤土或黏壤土，一般选长方形田块，宽 8～12 m，便于田间放置浮排及采收。放排前，要及早筑好四周田埂，田埂高 70～80 cm、宽 50～80 cm，田埂须夯实，坚固不漏水；有条件的，内侧粘贴厚 0.08 mm 的塑料薄膜防渗漏和防鱼类逃逸，在田埂不渗漏前提下，也可用防逃渔网，同时也要防蛇及鼠等敌害生物进入种养区。

（2）开沟施肥。田埂做好后，在内侧开挖深 30～40 cm、宽 30 cm 的围沟，田块大的还可依据长度在田中增开数条稍浅的条形沟与围沟相通，然后将田块稍作平整，每亩施腐熟有机肥 500 kg 或菜饼 50 kg 后耕翻，并灌 5 cm 深的水层。如果直接利用自然池塘进行浮排栽培，则无须开设鱼沟和鱼凼。

（3）设置灌排。套养鱼类用水量大，应建好灌排系统。一般上设进水口，下设排水口，进、出水口呈对角线设置，且出水口用铁丝网或尼龙网围住，防止养殖的鱼类逃逸或被洪水冲跑。排水口可用 PVC 弯管，平时高出水面 30 cm，排水时倾斜直管角度来调节田间水位。在成片种养区，可在出水口附近边缘挖近 1 m 长的沟，然后把厚实的塑料布从沟底一直铺到地面，塑料布上端高出水面 20 cm，用挖出的土将塑料布压实并用木桩固定，确保不被大风刮开，可有效防止鱼类逃跑。

3. 安放浮排

浮排设置应根据池塘的大小进行合理的布排。例如，宽 10 m 的池塘可横向排放 2 列浮排成一排，串联成长条状浮床；四角用小竹竿穿过网眼插入泥中固定，浮床两头至田埂各留 1.0 m 的间距。依次两排相靠成一组，两组间距 1.5～2.0 m，或塘埂四周空置水面宽约 0.8 m；有利于投放有机肥及饵料，也有利于水芹行间通风，增加水中氧气，便于养殖的鱼类活动，促进其健康生长，还有利于水芹收割。

4. 排种时间

水芹菜在长江流域一般于 3 月左右播种，北方一般是在 1—3 月进行大棚育苗，如果过早播种不利于水芹菜的生长。水芹菜选择要适合当地的气候条件。要掌握一个原则，就是浅水栽培的要以圆叶类型的芹菜品种为好，而深水种植的要以尖叶类型的品种为好。此外，选用既抗热又较耐寒的品种为好，如苏芹 12-5 和苏芹 16-1；或选用耐高温品种，如 91-55 水芹、伏芹 1 号等。水芹浮栽可全年进行，但排种宜避开夏季高温，秋季排种成活率最高。无根种芹多在 8—10 月排种，而带根种芹排种只需避开酷暑严寒，一般都能成活。

5. 排种方法

传统的种茎繁殖：多在秋季应用，将田间生长的种茎收割后切成长 50 cm 左右的小段，扎把催芽后顺长直接平铺于浮排上，每平方米排种量为 2.5～3.5 kg，不催芽则出苗慢且不整齐。

催芽种植：前 7 天对种子进行催芽，挑选茎秆粗 0.8～1.2 cm，长 0.8～1.2 m，上下粗细一样，节间紧密，没有虫害的种茎，将其上面的杂物去掉，顶梢部分剪掉，用稻草把它们捆成 20～30 cm 粗的圆捆，扎紧之后将种茎交错堆放在阴凉处，上面覆盖稻草，每天上午、下午各浇一次山泉水，以保持湿润，一般 7～9 天后，各节的叶腋便会长出 1～2 cm 嫩芽，并完成生根，此时便可进行种植。

带根种苗移栽：将在土壤中培育的水芹苗连根拔起，切除过长的叶梢，清洗漂净后排于浮排上，排种时应注意逐行放苗，后行茎叶将前行根部盖住，以防根系日晒萎蔫受损。

水芹浮水栽培可选择具有 2～3 个茎节点、长 18～22 cm 的老壮匍匐茎作为种茎，也可以直接选择带根种芹进行繁殖。种茎均匀摆放在浮床上，要求密度适中，以平铺摆满浮床为宜；带根种芹直接插入浮床孔中，根系要完全浸泡在水中。生态浮床水芹在生长过程中会随着植株质量的增加自然下沉，同时采用密植可减少阳光直射，使茎秆变白、自然软化，口感更加清脆爽口。

在水芹种植前 10～15 天，往池塘内泼洒有机肥，挑选阴天或阳光较弱的天气将水芹种茎种在尼龙网孔中或基质中（图 4-1）。

6. 田间管理

（1）水位管理。排种后，保持水深 25 cm 左右，随着植株生长逐步增加至 35～40 cm。排种 10～15 天后开始对浮排上的芹苗进行移密补稀，使整床芹苗生长均匀一致。夏季高温会影响水芹生长，注意夏季宜在早晨灌凉水，冬季池塘灌水宜在晴天中午前后进行。

（2）水质管理。水芹种茎种植之后，每隔 15～20 天向池内泼洒石灰

图 4-1 水芹菜浮床栽培

浆;种植 30～35 天后,向池塘内泼洒沸石和枯草芽孢杆菌,调节水质,促进水芹生长发育。

(3)追肥。水芹种茎种植后可根据苗情进行叶面补肥,一般 10～15 天追肥一次,尤以生物有机肥料为好,一般浓度不能超过 1%。有研究发现,水芹对氮、磷、钾的吸收比例为 4:1:(6～7),一般追肥时不必施用磷肥,以氮钾二元复合肥为主。早茬水芹复水后追肥 2 次,每次施用 450～600 kg/hm²;中晚茬水芹复水后追肥 3 次,每次施用 450～600 kg/hm²。

(4)遮阴。夏季高温会影响水芹生长,露地伏季栽培应采取措施进行遮阴,其效果更理想。夏季宜在早晨灌凉水。

二、水芹水田露地栽培

1. 水田选择

一般选择地势不过于低洼、能灌能排的水田,其中水田的淤泥层要较厚,含有丰富的有机质,保水保肥力强。

2. 大田耕耙

对大田进行耕耙。耕深 20～30 cm,同时施入比较充足的有机肥,像粪肥、绿肥或厩肥都可以,每亩地施有机肥 2 000～3 000 kg,其中可以掺施氮素化肥,像尿素等 15～20 kg,以促进苗期生长。田面要尽量做到光、平、湿润,严防高低不平;高低不平,高处干旱,不利扎根和长芽,低处积水,太阳晒热浅水烫坏嫩芽,待长成幼苗以后,逐步加深水层。耕耙、施完基肥以后,在水田的四周开围沟;如果地块比较大还需要开腰沟和鱼凼,以利于灌排均匀和综合种养。

3. 催芽

生产实际中，水芹通常采用老熟茎进行繁殖。早芹在 8 月中下旬，晚芹在 9 月上中旬，从留种田中收割种茎，选择那些茎秆粗 0.8～1.0 cm，上下粗细一致，节间紧密，腋芽比较多而且充实、无病虫害的成熟茎秆作为种株。由于种株梢部的腋芽多是弱势芽，要求在催芽前把它们切除。然后，把种株理齐，扎成直径 20 cm 左右的小捆，每捆用稻草或绳子扎上 2～3 道，交叉堆放在通风凉爽的地方，高度以 1.0～1.5 m 为好。如果自然条件达不到要求，可以在种堆的周围和上面用稻草覆盖保湿，夜晚再把覆盖物拿走以利于通风。每天上午 8：00 左右和下午 4：00—5：00 各用凉水将种堆浇透一次，使种株保持自然的温度，不发热。

一般经过 7～10 天的堆放后，种株各节的叶腋就开始萌动，生出了短根，这时就可以把它们栽到田里了。

4. 浅水移栽育苗

水芹要想夺取高产，育苗是很关键的一个环节。水芹的适宜栽插期是在 8 月中下旬到 9 月上旬。为了防止烈日晒蔫芽苗，栽插适宜选择在阴天或者晴天的傍晚进行。

栽插前要先排水，只留下 1 cm 左右的薄水层，通常采用田边栽插、田中撒种的方式栽插。水芹生产实行综合种养，其栽植的株行距应比单一栽培稍稀。水芹菜的适宜播种期在 9 月上旬，过迟不利于高产，要想夺取高产，排种是基础，催芽后的种茎即可排种，方法为：把催过芽的种茎基部朝向田埂，梢端朝向田中间，种株间保持约 8 cm 的距离，整齐的在水田四周栽插成一圈。田中间部分实行条状撒种，种株间的距离为 10～15 cm。排种要注意以下几点：①保证密度，一般每亩用种量大约 220 kg。②田面要平整，以利长芽生根，从而达到生长一致。这一阶段最忌田面高低不平，高处干旱，不利扎根和长芽；低处积水，太阳晒热浅水烫坏嫩芽，待长成幼苗以后，逐步加深水层。③撒种时，要尽量减少种株间的交叉重叠现象，最好是一边撒一边用竹竿或手将种株从较密的地方挑到较稀的地方，使全田种株分布均匀。栽插完后往水田中放水，标准是保持围沟、腰沟内有大半沟水、畦面充分湿润而没有积水，避免因水温升高而烫伤芽。

此外，还可采用水芹简易的种植方法。即水芹种茎撒播于水田表面，采用长柄平底铁锹或长竹条轻拍，使水芹种茎嵌入田泥中至少 2/3；从而使水芹种茎的底部与塘泥充分接触，进一步增加成活率；优选每亩撒播水芹种茎200～250 kg。水芹管理：水芹种茎生根，且长出 2 cm 以上嫩苗后，向田内注水且根据水芹长高的高度，逐步增高水深，但需保证80%的水芹苗尖露出水面；及时监测水芹高度，水芹长高了，就向田中注水，且每次均是一次性注水，使水芹苗尖高度的 80% 在水面以上，当温度低于 5 ℃时，向田内注水，且水位增加3～4 cm，12月及 1 月期间，受气候影响，水温有时低于 5 ℃，需要向池塘内注水，这是因为水芹喜水，不耐冻，在深水位下，既能保证水芹正常生长，又能防止杂草生长（图 4 - 2）。

图 4 - 2　水芹菜水田露地栽培

5. 苗期管理

（1）水层管理。母种栽插后，日平均气温仍在 25 ℃左右，最高气温可达 30 ℃，田间应该保持 0.5 cm 左右的薄水层，防止积水过深和土壤干裂。如果遇到暴雨天气，应该及时抢排积水，防止种苗漂浮或被沤烂。栽种后15～20 天，当大多数母茎腋芽萌生的新苗已经长出新根和放出新叶时，应排水搁田 1～2 天，以促进根系深扎。然后灌入浅水 3～4 cm。母种茎栽插后 30 天左右，当新生苗长到 13～16 cm，水深 4 cm 左右时，结合田间除草，进行匀苗移栽，使萌芽均匀一致。把生长过密的苗连根拔起，每 3～4 株为 1 簇，重新栽插于缺苗的地方，使全田每株周围10～12 cm 有苗2～3 株，并对过高的苗适当深插，促使生长整齐。以后植株进入旺盛生长期，要逐渐加深灌水，使水深保持在5～10 cm。

（2）追肥。栽插后半个月追施一次速效氮肥，每亩浇施 20%～25%的腐熟粪肥液或10%的尿素溶液 2 000 kg 左右。直接撒施尿素一定要趁下雨前施用，或者等露水干后再施，防止尿素被叶片上的露水粘住造成烧苗。匀苗移栽后，还需追两次肥，每隔 15～20 天一次，追肥品种和方法与第一次追肥相同，但施肥量要比第一次增加 20％左右。腐熟有机肥和尿素液要交替使用，不要单施尿素液，防止水芹品质下降，风味变差。

（3）适期搁田。移苗活棵后，沿田四周及田中间开好搁田"丰"字形沟，进行脱水搁田，以促进水芹根系下扎，至芹池畦面板实、畦边有小细缝时止。

（4）深水软化。搁田后根据生长情况逐步调节水深，当苗高达 20 cm 时加深水层，软化茎叶，以心叶以下 15～20 cm 露出水面为宜。进入冬季应注意防冻，适当加深水层，以心叶露出水面为宜，保持小叶在水层上面进行光合作用。

（5）赤霉素处理。在水芹采收前 5～7 天喷施 1 次赤霉素，气温高时则提前时间短些，气温低时则提前时间长些，可促进茎鞘伸长和白嫩。具体用量为早茬水芹施用 105～120 g/hm^2，中晚茬水芹施用 150～180 g/hm^2，处理后必须每天及时补水。或者赤霉素的浓度严格控制在 50～100 mg/L，即每千克水中 50～100 mg 赤霉素；由于赤霉素难溶于水，应该是喷洒前使用少量酒精或烧酒将其溶化，然后兑水至所需浓度，一般需要 1 桶水（15 kg）使用赤霉素 1～1.5 g，每亩用水量大约 2 桶（30 kg）。

三、病虫害防治及采收

1. 病虫害防治

（1）病害。浮排水芹栽培病害很少发生，夏季高温或未及时收割会造成植株过密，易诱发褐斑病，可用 10％苯醚甲环唑水分散粒剂 1 500～2 000 倍液或 50％甲基硫菌灵・硫磺悬浮剂 800 倍液喷雾防治。秋季易发生斑枯病，可用 50％多菌灵可湿性粉剂 500 倍液或 50％代森锰锌可湿性粉剂 600 倍液，分次交替喷雾防治。基腐病在水芹搁田期用 50％腐霉利防治，用量 750 g/hm^2。春夏季，已拔节的留种水芹田应见干见湿，防止种茎腐烂。

（2）虫害。①蚜虫。黄板诱杀是防治蚜虫常用方法之一，可大幅降低蚜虫的虫口基数，减少化学农药用量，提高农产品安全性。或在收获前 20 天推荐使用 10％甲维・茚虫威悬浮剂进行防治，用量 300 mL/hm^2；此外，还可用 10％吡虫啉可湿性粉剂 3 000 倍液防治。②斜纹夜蛾。推荐信息素诱捕技术防治；或 3.2％苏云金杆菌可湿性粉剂 1 000～1 500 倍液叶面喷施，每毫升100亿孢子的短稳杆菌1 000倍液交替防治；使用20％氯虫苯甲酰胺或者40％乙基多杀菌剂进行防治，用量分别为150 mL/hm²、300 mL/hm²。套养泥鳅等鱼类田块禁用菊酯类农药。水蛭用茶粕素进行防治，用量150 kg/hm²。

表4-1　　　　　　　　　水芹常见病虫害及推荐使用农药

常见病虫害	农药名称	稀释倍数	使用方法	安全间隔/天
斑枯病	58％甲霜灵锰锌可湿性粉剂	500～600	植株喷雾	7
	75％百菌清可湿性粉剂	600	植株喷雾	7
	50％多菌灵可湿性粉剂	1 000	植株喷雾	20
茎腐病	72％农用硫酸链霉素可湿性粉剂	2 000	植株喷雾	7
	80％代森锰锌可湿性粉剂	1 000	植株喷雾	15
锈病	15％三唑酮可湿性粉剂	2 000	植株喷雾	20
	64％杀毒矾可湿性粉剂	500	植株喷雾	3～4
蚜虫	10％吡虫啉可湿性粉剂	2 000～3 000	植株喷雾	10
	1.3％苦参碱水剂	1 000～2 000	植株喷雾	3
斜纹夜蛾	20％甲维·茚虫威悬浮剂	2 000	植株喷雾	20
	乙基多杀菌剂	2 000	植株喷雾	7

2. 适时采收

（1）浮床栽培。以割苗留茬方式采收水芹，当芹苗长至30～50 cm时，在浮排上留茬5 cm处及时收割，也可根据浮排上芹苗数量适当深割或浅割。冬季生长期延长，约需3个月才能收割。而夏季高温水芹生长缓慢，茎叶易老化，成品率降低。

（2）露地栽培。每年的11月左右是水芹菜的采收时间，持续至次年3月底。因为种植的地区和种植时间存在着一定的差异，所以没有具体的采收时间标准，采收的时间也有着区别，可以根据市场的需求以及价格来决定，一般水芹菜最受欢迎的时候是在春节期间和元旦期间。露地栽培，一般40天收割1茬，全年可采收5～6批。在大棚适宜温度下，一般30～40天即可收割1茬，全年可采收6～7批。

第三节　水芹-渔种养模式

一、水芹-田螺＋泥鳅种养模式

该模式为浮排水芹套养泥鳅高效生态种养方式。选择适宜当地消费习惯的青鳅（本地泥鳅），或产量高、出肉率高的台湾泥鳅品种。一般每亩以 120～150 kg 鳅苗为宜。如果当年放种年底收获的，鳅苗应稍大，体长规格 6～8 cm；当年放种翌年收获的，鳅苗可偏小些，体长规格 4～5 cm。同时，3 月底至 4 月中旬，每亩放养中华圆田螺种螺规格约 20 g/只，100～150 kg。

1. 套养时间

泥鳅是温水性鱼类，适宜生长水温为 15～30 ℃，7 ℃以下或 30 ℃以上泥鳅就会潜入 10～30 cm 的软泥层中"休眠"。大棚浮排水芹在 9—10 月排种，缓苗后即可放养泥鳅苗，翌年 6 月以后陆续捕捞上市。收获后可再次放养鳅苗或利用原有套养泥鳅让其自繁幼鳅继续生长，9 月至春节前后陆续收获成鳅。露地浮排水芹套养泥鳅一般每年放养 1 次，于 5 月中旬放养至 10 月下旬，或延至翌年收获。

2. 饵料管理

泥鳅放养 3～5 天后开始投料，可选用泥鳅专用配合饲料，也可投喂发酵后的菜饼或菜粕，每天早晚各 1 次，每次投放量为泥鳅体质量的 3%～5%。菜饼既可作喂养饲料，又可作优质肥料，但投放的菜饼必须粉碎搓细，便于食用，同时菜饼投放不能过量，否则易沉淀在土壤表面，在适温下易滋生丝状藻类，严重时会影响泥鳅活动，一旦大面积发生应人工打捞，并视情况喷施 1：1：200 倍液的铜皂液防治。田螺无须投饵。

3. 水位调节

套养泥鳅田水位可随水芹和泥鳅生长量逐步加高，最高水位应控制在田埂下 20 cm。灌水时间和水芹管理保持一致。浮排水芹-泥鳅模式水深 30～40 cm。

4. 饵料的选择与使用注意事项

（1）水生蔬菜-田螺＋泥鳅模式，泥鳅、田螺以吻吸式进食，要求饲料的粉碎程度越高越好，最好做成泥状，利于田螺进食与消化。

（2）饲料发酵时加入 EM 菌或其他益生菌，有条件的最好添加 EM

菌发酵饲料原材，更易让田螺吸收，而 EM 菌对泥鳅、田螺肠道及池底有害物质起到分解作用。

（3）田螺产仔后要增加营养供给。因为母螺体能恢复与小螺开口要求投喂的饲料要提高蛋白质含量，特别是最初的 1 个月。方法是提前培好微生物，确保螺仔食物富足，如果做不到，水太清瘦，则只能在饲料中增加蛋黄、饼料来提高饵料的蛋白质含量，提高小螺、母螺的成活率。

5. 适时起捕

投放后，一般经 6～7 个月，泥鳅就能长到原先大小的 3 倍左右，即可陆续捕捉上市。方法：将专用捕捉笼布点放入田块四周围沟内，笼内放入适量炒过的米糠，次日收取，同时注意收大留小，将幼鳅还田，逐步做到自养自繁。田螺诱捕，捕大留小。有研究表明：在饲料中添加诱食剂对田螺的趋食性有明显的诱导作用，诱食剂以甜菜碱和大蒜素的效果最好，甜菜碱的添加量为 0.4%、大蒜素为 0.2%。

二、水芹-蟹＋鱼种养模式

1. 鱼种及蟹苗的放养

该模式采用低洼农田露地栽培种养结合进行生产，预先需开设好养殖沟、凼。一般在 3 月上旬放养鲫鱼、鳙鱼鱼种，平均放养密度分别为 30 尾/亩和 15 尾/亩，鲫鱼规格约 8 尾/kg，鳙鱼规格为 8～10 cm/尾；或者每亩可放养 400～500 尾，其中鲢鳙 200～300 g/尾，50～60 尾，鲫鱼 30～50 g/尾，300～400 尾。3 月上中旬放养大规格扣蟹（Ⅴ期幼苗），平均放养密度为 650 只/亩，规格为 110～130 只/kg。

2. 蟹、鱼饲料投喂

放养的鲫鱼以田内的底栖生物、有机碎屑等天然饵料生物及水芹体表害虫为食；河蟹主要投喂人工饲料，其中植物性饵料种类有小麦和水草，动物性饵料主要以田内放养的鲫鱼自繁的幼苗和投喂的螺蛳为主。投喂量依据季节变化、河蟹摄食与饵料残留等情况随时加以调整，一般 4—6 月日投喂量为河蟹体重的 5% 左右，7—8 月为 13% 左右，8—10 月为 16% 左右，11 月以后为 6% 左右。投喂时把饵料投在水草（水芹）与环沟结合的边沿。

有研究表明，用发芽的小麦做饵料，河蟹较喜食，既不浪费饲料，又不破坏水质，一般 2～3 天投喂一次，每次投喂量为河蟹体重的 11%～15%。如果投喂螃蟹专用饲料，要质优量适。做到每天上午

9：00—10：00，下午 3：00—4：00，在固定的岸边浅水区投喂，数量以投喂后 2～3 小时吃完为宜。

3. 水芹管理

除水芹栽植后 20～25 天用塑膜将畦面围合起来，防止河蟹可能摄食水芹种茎腋芽和发育的幼枝，其余时间河蟹不摄食水芹而摄食其他水生杂草，既保证了水芹的正常生长，又减少了除草用工。前期浅水灌溉，在匀苗后每亩浇施腐熟清粪尿 1 500 kg 左右。以后随植株长高逐步加深水位，对水芹进行深水软化，使田间水深保持在水芹植株上部 20 cm 左右露出水面，其余部分都没入水中。

4. 水质的管理

水质的管理方式主要为换水。前期 5～7 天注水一次、10～15 天换水一次，高温季节每天注水 20～30 cm、3～5 天换水一次。在水芹栽植25～30 天后，因为水芹生长旺盛，吸肥力强，所以就不需要经常换水，一般每隔 3 天加水一次，具体加水量以水芹植株上部 20 cm 左右露出水面为度。换水时换底层水，不大排大灌。同时每隔 2 周左右沿环沟里边泼洒生石灰水 1 次，生石灰用量为 10～15 g/m³。

5. 注意事项

在河蟹整个生长过程中，养殖水体裸露在阳光的直射之下，特别是在烈日炎炎的夏季。在农田环沟、田间沟边套栽部分莲藕，这样既有效利用了田地，增加了产量和收益，也为河蟹生长创造了遮光、降温的环境。养殖期间做好河蟹的防逃工作。在水芹整个生长过程中，如有胡萝卜微管蚜的为害，则采取灌深水淹没植株的方法漫去蚜虫，效果较好。

三、水芹-鱼十河虾种养模式

1. 选择鱼类

水田内养鱼选择杂食性、适应性比较强的鲫鱼——例如：合方鲫、湘云鲫。合方鲫 2 号具有生长快、产量高、抗逆性强等优势；而湘云鲫为三倍体，适宜在池塘、湖泊、水库、稻田和网箱中养殖，一般个体可长到 0.5～1 kg。另外，野生鲤鱼适应性较强，也适宜投放。虾苗选用野生河虾，其抗性强，便于管理。

2. 放养时间和密度

4—5 月在水田里放入鱼苗，平均每亩水面积投放 1 000～1 500 尾，占水芹田面积的 20%。每亩实际投放湘云鲫 400 尾，鱼苗用充氧的塑料袋包装，便于运输和搬运。5 月采购天然水域抱卵虾放养，每亩水田面积投放 1～2 kg，抱卵虾放入鱼沟内，进行自然孵化繁育。

3. 投饲

湘云鲫集群摄食，在安静向阳处每亩安排 1 个饲料投放点。用木头或竹片搭建交叉支架，支架下端系上布或防虫网的四个角，将布或防虫网浸入水面 30～50 cm。每天上午 6：00、下午 4：00 左右在布或防虫网上投饲料 1～2 次。第一次投料 0.5 kg，观察饲料减少情况。如果有剩余，则减少投放量；如吃干净，则增加投放量。5—9 月水温较高，鲫鱼生长较快，投饲量可以适量增加；10 月至翌年 4 月水温较低时，鲫鱼的投饲量可以适当减少。鱼苗放入的第一个月，用麦麸作为饲料。随着鱼苗逐渐长大，可使用喂青鱼的颗粒饲料。

4. 管理方法

保持水深在 1.5 m 左右。避免水源污染，观察水面透明度，及时清除水面浮萍，避免其大量繁殖影响鲫鱼生长，同时注意换水以增加水塘氧气含量。水芹上害虫和杂草较多时，可以增加水面深度，使鱼游在土壤表面，清理害虫和杂草，避免使用严重危害鱼虾的农药。

5. 鱼虾产量和产值

到翌年 5 月，鲫鱼经过一年生长，单尾质量为 0.3～0.4 kg。到 9 月底，单尾质量达 0.6～0.9 kg。有关资料表明，湘云鲤夏花鱼种成活率在 80% 以上，冬片鱼种成活率可达 90% 以上。按照水芹田内每亩实际投放 400 尾鱼，夏花鱼种成活率为 70%，每亩鱼产量约 220 kg，以市场零售价 14 元/kg 计算，产值为 3 080 元。到翌年 5 月，单尾河虾质量 0.003 kg。按照 1 年 1 次捕获，每亩河虾产量 25 kg，按市场零售价 80 元/kg 计算，亩产值 2 000 元。

四、水芹＋小龙虾种养模式

1. 水芹-小龙虾（一芹二虾）轮作模式

水芹采取深水栽培方式，于 8 月中旬种植，当年 10 月下旬开始采收，到翌年 3 月上旬采收结束。小龙虾 3 月上旬开始养殖第一批小龙虾，5 月上旬开始上市，分 2～3 次捕获干净；第一批捕捞完后，对养虾水田清田消毒，田间适当补充种植轮叶黑草等夏季水草，水草生长稳定后，于 6 月中下旬放养大规格的虾苗，生产第二批小龙虾；这样生产的两季虾均能有效避开小龙虾的"五月瘟"。而且水芹与小龙虾在生长时间上互不影响，提高了土地（水面）利用率，增加了种养效益。

（1）小龙虾养殖技术。①及时清田。上季水芹采收时，采取刀割留根措施，通过水芹根系及后生嫩芽为龙虾提供栖息条件和食料。在水芹采收结束后，亩用生石灰 80～100 kg 彻底清塘，以杀灭病原体和敌害生物。在虾苗放养前 1 周，注意加注新水。②饲养管理。每亩投放 3～5 cm 的幼虾约 5 000 尾。放养规格要求整齐一致，并且一次性放足。日投喂量为虾体重的 4%～6%，每天投喂 2 次，以傍晚一次为主，占全天投喂量的 60%～70%，采取定时、多点投喂的方法，避免相互争食，促进均衡生长。投喂小龙虾的专用饲料或自配发酵饲料，自配饲料包括菜籽饼、鱼粉、玉米粉、豆粕或花生粕中的两种及两种以上。③捕捞销售。虾苗经过 2 个月的饲养，小龙虾达到商品规格，及时捕捞；或根据茬口要求，在水芹种植前排干池水，将余下小龙虾全部捕获。

（2）在第一批小龙虾捕捞结束后，田间消毒补种水草，接着投放第二批虾苗。①虾苗放养：6 月中下旬，每亩投放大规格虾苗约 25 kg，3 500～4 500 只/亩，个体大小 5～6 cm；要求虾苗规格整齐、体格健壮、一次放足。8 月上旬分 2～3 次全部捕捞上市。②清塘肥水：虾苗放养前 10 天，放干水芹池水至 10 cm 左右，用生石灰 80～100 kg/亩彻底清塘，以杀灭病原体和敌害生物。虾苗投放前 7 天左右灌入新水至 80 cm，同时每亩水面施猪、鸡粪等发酵腐熟的粪肥 100～200 kg，以培育浮游生物。③投饲：投喂自制混合饵料或购买专用饵料，人工投喂饲料作为补充，饲料以购自正规厂家的全价配合饲料为主；要求新鲜、适口、营养全面。一般日投喂量为虾体重的 4%～7%，每天傍晚投喂 1 次，采取定质、定量、定时、多点投喂的方法，确保所有小龙虾都能吃到。④水质调节：每 10～15 天换一次水，换水量约 20%，保持养殖围沟水体透明度 30 cm 左右、水深 1 m 左右。每 20 天左右施用生石灰一次，用量 1 m 水深 8 kg/亩，促使龙虾蜕壳。从 6 月份开始加强对池塘的注水，使水位稳定在 1.2 m 左右，高温季节水位控制在 1.5 m 左右。

2. 水芹-小龙虾（一芹二虾）轮作＋共作模式

（1）清塘肥水。水芹栽培与方式一相同。虾苗放养前 15 天，进行肥水，以培育浮游生物。

（2）虾苗放养。8 月中旬，每亩投放亲虾约 35 kg，每只个体大小约 30 g，雌雄比为 2：1；要求种虾规格整齐、体格健壮、一次放足。田间放入小龙虾亲虾后，它们会快速打洞，并钻入洞穴中抱卵孵幼，对水芹的幼苗为害小。

（3）投饲。投喂自制混合饵料或购买专用饵料，人工投喂饲料作为补充，饲料以购自正规厂家的全价配合饲料为主。一般日投喂量为虾体重的 3%，每 2 天投喂 1 次，在小龙虾生长中后期对食物的需求量增加，可增加专用饲料投喂量，且增加量为上次投喂量的 8%。采取定质、定量、定时、多点投喂的方法，确保所有小龙虾都能吃到。11 月以后投喂减少，直至气温低于 10 ℃停止投喂。

（4）水质调节。每 20 天换一次水，换水量 20%，保持池水透明度 30 cm 左右；秋季保持水位相对稳定，冬季低温季节水位控制在 0.6 m 左右。早春水位适当降低。

（5）捕捞。第一批为虾苗，从 2 月下旬开始至 3 月中旬，分 2～3 次捕捞繁殖的小虾苗出售，供养殖户放养；第二批为成虾即商品虾，将上年投放的亲虾以及由亲虾繁殖的小虾养成的大虾后捕捞出售，捕大留小，4 月中旬至 5 月初，分几次全部捕捞干净。

3. 小龙虾＋水芹＋水稻种养模式

小龙虾＋水芹＋水稻为一种稻田综合种养新模式。

每年 10 月小龙虾入洞后种水芹菜，次年 2、3 月收割完水芹菜后水田灌水让小龙虾吃水芹菜的梗茎，这种模式养小龙虾生长速度快，不用投食，5 月底 6 月初栽插水稻，可以实现一田多收。

五、水芹-小龙虾＋鱼种养模式

在池塘内依次浮水种植水芹，放养小龙虾及鱼类；放养的鱼类以不投放草食性鱼类为原则，以肥水性的鲢、鳙鱼为主，杂食性的合方鲫或异育银鲫为辅。进行高效复合种养结合的方式生产。其中，水芹亩产能达 1 500 kg 以上；小龙虾的亩产可达 150 kg，鱼类的亩产达 100 kg 以上。

1. 水芹种植

在完成池塘准备，浮排制作、浮排设置安放等前期准备工作后，水芹按浮水栽培的要求，做好品种选择、排种等相应的工作。待小龙虾及鱼放养后，进行后期的田间管理（具体见本章第二节水芹的栽培）。

2. 小龙虾及鱼的放养

（1）小龙虾放养方式一。在种植水芹菜区域里轮作小龙虾，放养小龙虾种是有讲究的。由于 8 月底到 9 月初是水芹的生长季节，而此时正值小龙虾亲虾放养的极好时机。放入抱卵小龙虾后，它们会在几天之内快速打洞，并钻入洞穴中抱卵孵幼，并不出来为害水芹的幼苗，偶尔出洞的也只是极少数个体。这些抱卵小龙虾是保证来年产量的基础。因此，建议虾农可以在 9 月中旬放养抱卵小龙虾。或者：在没有抱卵虾或数量不够的情况下，可放养 30 g 左右规格整齐的亲虾，放养量为每亩 35 kg。

（2）小龙虾放养方式二。如果有的小龙虾养殖业者不放心，担心小龙虾会出来夹断水芹菜的根部，导致水芹菜减产，那么可以选择另一种放养模式，就是第 2 年的 3 月底，在水芹基本收割完后，按照每亩面积放养规格为 200 尾/kg 的小龙虾幼虾 35.0 kg。放养时选择晴天的上午 10：00左右为宜，放养前经过试水和调温后，确保水温差在 3 ℃以内。

（3）不同鱼种的套养。放养时间，一般在早春时间，与小龙虾放养方式二中幼虾放养的时间基本同步，即在早春时节（3 月上中旬）放养鱼种。鱼种放养密度和规格，一般情况下按常规进行投放鱼种，放养的密度主要根据塘口的具体情况及所要达到的产量进行适当的调整，亩产量控制在 300 kg 以内为宜，即白鲢 200 kg、鳙 50 kg、银鲫 50 kg；根据以上产量决定放养白鲢 250～300 尾、鳙 60～80 尾、银鲫 150～200 尾。鱼种放养的规格必须保证在 120 g 以上。

3. 小龙虾、鱼苗种投放的基本条件

养殖池塘水体的溶氧量应在 4.5 mg/L 以上，pH 值 6.8～8.5，适宜透明度为 35～40 cm。投苗前进行水质化验，必要时可用小量苗种试水，水质达标后放苗。在早晚放苗，避免高温、寒潮、大风、大雨放苗。

在有水芹的区域里不需要种植水草，但是在环沟里还是需要种植水草的。这些水草对于小龙虾度过盛夏高温季节是非常有帮助的。水草品种优选轮叶黑藻、眼子菜；水草种植面积宜占整个环沟面积的 30.0%左右。另外，进入夏季后，如果池塘中心的水芹还存在或有较明显的根茎存在时，就不需要补充草源；如果水芹已经全部收完，必须在 4 月底前及时移栽水草，确保小龙虾的养殖成功。堆肥培水。在小龙虾放养前 1 周左右，每亩施用腐熟的有机肥 200 kg，用来培育浮游生物。

4. 田间管理

（1）水位调节。放养抱卵亲虾的田塘，在入池后，任其打洞穴居，不要轻易改变水位，一切按水芹菜的管理方式进行调节。如果是采用放养幼虾的池塘，在 4—5 月水位控制在 50 cm 左右，透明度在 20 cm 就可以了，6 月以后要经常换水或冲水，防止水质老化或恶化，水体保持透明度在 35 cm 左右，pH 值 6.8～8.4。注冲新水：为了促进小龙虾蜕壳生长和保持水质清新，定期注冲新水是一个非常好的举措，也是必不可少的技术。从9月到翌年3月基本上不用单独为小龙虾换冲水，只要进行正常的水芹菜管理就可以了；从4月开始直到5月底，每10天注冲水一次，每次10～20 cm；6—8月中旬，每7天注换水一次，每次10 cm。

（2）水质调控。生石灰泼洒，从3月底到7月中旬，每半月可用生石灰化水泼洒一次，每次用量为15.0 kg/亩，可以有效地促进小龙虾的蜕壳。视情况每隔15～20天，利用微生态调节剂、养殖环境调节剂调控水质、改良底质，抑制病原微生物和有害物质，净化养殖池中的排泄物和残饵，调整养殖生态环境，保持饲养水体的pH值7.0～8.5，透明度为30～40 cm，池塘水色为茶褐色，保持池塘的清洁卫生。养殖期间，视水质变化和水源质量，实行有限量水交换原则，保持水环境的稳定。

（3）饲料投喂。在小龙虾养殖期间，小龙虾除可以利用春季留下未收的水芹菜叶、菜茎、菜根和部分水草外，还是要投喂饲料的，具体的投喂饲料种类及投喂方法与前面介绍的相同。

（4）其他管理。在小龙虾生长期间，每天坚持早、晚各巡塘一次，主要是观察小龙虾的生长情况，以及检查防逃设施的完好性，看看池埂有无被小龙虾打洞造成漏水的情况。

（5）小龙虾捕获。头年9月放养抱卵虾模式的，于第二年2月下旬至3月中旬捕捞一部分幼虾出售，至4月下旬全部将上年投放的亲虾和已长成的商品虾分2～3次捕捞上市；当年3月放养幼虾模式的，4月底开始捕捞至5月中旬全部捕获完毕。鱼的捕捞：多在第二年水芹收获完后，干田（塘）捕捞。

六、水芹-鲮鱼轮作模式

多数情况下鲮鱼的养殖以套养为主。随着鳜、塘鳢等鱼类大规模养殖，在其生长过程中很容易被混养的肉食性鱼类作为饲料，这对鲮仔鱼需求量也越来越大。此外，鲮鱼适合精深加工，鲮鱼罐头已为中国成功的鱼类加工品种，其腌鱼、腊鱼也受消费者喜爱。

在池塘内依次浮水种植水芹，水芹收割完后放养土鲮鱼，进行种养结合轮作的方式生产。其中，水芹亩产能达2 000 kg以上，鲮鱼的亩产达100 kg。

1. 放养注意事项

由于鲮鱼为杂食性鱼，是水域底层的鱼种。栖息于水温较高的水体内，对低温的耐力很差，是暖水性鱼类，在水温 15～30 ℃时，食欲旺盛。当水温高于 31 ℃时，食欲减退；而水温低于 14 ℃时，就聚集在深水区不大活动；水温低于 13 ℃时，停止摄食。低于 7 ℃时，则不能生存。加上鲮鱼能够在低氧环境中生存，能在水质肥沃的水域里生活，结伴游弋，食性杂，但更喜欢吃植物。而水芹耐寒不耐热，生长期温度 10～25 ℃，生长期基本处在低温阶段，因此，鲮鱼应注意避开低温生长期放养，适宜与水芹轮作。

2. 水芹栽培管理

每亩撒播水芹种茎 200～250 kg。水芹种茎长出 2 cm 左右嫩苗后，向池塘内注水且根据水芹长高的高度，逐步增高水深，但需保证水芹苗尖高度的 80％左右露出水面；如果水芹长高了，就向池塘注水，且每次均是一次性注水至水芹苗尖高度的 80％在水面以上。当温度低于 5 ℃时，向池塘内注水，且每次水位增加 3 cm 左右，尤其是 12 月及 1 月期间，受气候影响，水温有时低于 5 ℃，这时候就需要向池塘内注水，这是因为水芹喜水，不耐冻，在深水位下，既能保证水芹正常生长，又能防止杂草生长。水芹采收：在次年的 2 月底 3 月中旬，在深水位下采收水芹。

3. 鲮鱼的放养

4 月中旬到 5 月初，每亩投放 3～4 cm 长的"夏花"土鲮鱼苗，共投放 6 000～8 000 尾；同时套养少量鲢鳙，鲢鱼每亩 20～30 尾，鳙鱼每亩 40～60 尾，套养鲢鱼规格 100 g/尾以上，鳙鱼规格 250 g/尾以上。混养鱼种要求游动活泼，体质健壮，无损伤、无疾病、无畸形，规格整齐。鱼种放养前消毒、试水。

4. 投喂及水体管理

（1）投喂。鲮鱼苗到池塘后的 5 天以内以藻类、高等植物水芹的碎屑等为食；5 天后开始投食，日投量为鲮鱼苗总质量的 4％～6％，且每间隔一个月，增加鲮鱼饲料投喂量，且增加量为上次投喂量的 10％。鲮鱼是底层鱼类，食性杂，在自然环境中以浮游植物、有机碎屑等为食，常常在塘底或靠近岸边觅食。一般不浮于水面摄食人工投喂饲料，喜栖于有机质多的水体；放养期间投喂沉性饲料为主。鲮鱼幼鱼和成鱼阶段主要投喂发酵菜饼、花生麸、专用沉性配合饲料等。鲮鱼的生长周期一般为 4 个月左右，8 月底捕获鲮鱼。

（2）水体管理。当温度低于 5 ℃时，向池塘内注水，且水位增加 3～4 cm。为保证水质，每间隔 10～15 天换水一次，每次换水量为总水体体积的 30%。视水体情况用枯草芽孢杆菌一定程度上促进水芹尾菜腐烂分解，又增加了水体肥性。

此外，除上述方式外，还有水芹-小龙虾＋鲮鱼轮作模式。3 月收割完水芹后，放养虾苗，养殖 2 个月后，捕捞上市；再于 6 月上旬，投放 4～5 cm 长的鲮鱼苗，每亩投放 5 000～6 000 尾，每日投饵 2～3 次，日投量为鲮鱼苗总质量的 5%～6%。8 月底至 9 月初捕捞鲮鱼。

第五章　水蕹菜-渔综合种养技术

　　水蕹菜，又名竹叶菜、空心菜、藤菜等，属旋花科甘薯属，一年生或多年生草本植物。从分布地区看，水蕹菜是一种适应范围非常广的蔬菜，在亚洲、非洲、大洋洲及美洲均有分布，主要集中在南北回归线之间。水蕹菜也是种植范围最广的蔬菜之一，现今，在世界范围内，蕹菜不仅在我国广泛种植，而且在东南亚和南亚以及世界其他地区，水蕹菜也广泛引种种植。

　　水蕹菜茎叶浓绿，质地脆嫩，风味独特，营养丰富，深受消费者喜爱。它具有抗涝抗渍的特点，在南方地区梅雨季节和高温秋季蔬菜生产淡季，是一个主要的上市叶菜类品种。水蕹菜从4月下旬至11月上旬均可采摘上市，在8月和9月的淡季，它对调节叶菜的供应有一定的作用。水蕹菜管理粗放，易于栽培，单产高，农民乐意种植。水蕹菜产量：每亩产量高达5 000 kg（池塘鱼菜共生按20%的栽培面积来换算，亩产接近1 000 kg），在5月种植一直连续到11月中旬间隔10～15天就可以采摘，初始价格20～24元/kg，旺季产品多的时候价格最便宜也在10～12元/kg。

第一节　水蕹菜栽培技术

一、水蕹菜简介

1. 水蕹菜对环境条件要求

　　水蕹菜原产于中国南方，性喜温暖、湿润气候，耐炎热，不耐霜冻；对土壤条件要求不严格，适应性较强，但土质以富含有机质的壤土最为适宜。常见于水池或水沟中及潮湿处。一般认为，水蕹菜种子发芽温度下限为13～15 ℃，发芽适温20～35 ℃；茎叶生长适温25～30 ℃，能耐35～40 ℃高温，15 ℃以下生长缓慢，10 ℃以下停止生长，遇霜冻则枯萎。长江流域各省 4—10 月都能生长。

2. 生长特性

水蕹菜的节间中空，通气功能发达；其茎蔓节部（叶柄、分枝、花梗基部）极易发生不定根，形成繁茂的根系系统，水肥吸收功能强大。因此，水蕹菜耐热、耐湿涝及耐旱能力均很强，不仅能在干旱、湿润、渍水土壤环境中良好生长，而且能浮水生长，具有生长快、产量高及供应期长等优点。水蕹菜的环境适应能力方面，最突出的是其具有发达的通气组织和极强的不定根发生能力。在夏秋季发生暴雨洪涝灾害的年份，水蕹菜因生长迅速，更是灾区恢复蔬菜生产供应的首选"快生菜"。

3. 水蕹菜的主要栽培类型

以结籽性和繁殖方式为依据分为籽蕹和藤蕹，以栽培方式为依据分为旱蕹和水蕹（一般旱蕹采用籽蕹品种，水蕹采用藤蕹品种），以花色为依据分为白花蕹和紫花蕹，以茎色为依据分为白梗蕹、绿梗蕹和紫梗蕹，以种子种皮颜色为依据分为褐籽蕹和白籽蕹，以叶片大小和形状为依据分为小叶蕹、中叶蕹和大叶蕹。

4. 应用价值

水蕹菜茎叶浓绿，质地脆嫩，风味独特，深受消费者喜爱。水蕹菜营养丰富，富含各维生素、矿物盐，其中维生素 A、维生素 B_1、维生素 C 的含量比番茄还高许多，每千克食用部分含钙 1.47 g，居叶菜首位。水蕹菜是夏季必备蔬菜，吃起来脆、嫩、爽口，营养价值非常高。水蕹菜的全草和根均可入药，中医认为，水蕹菜味甘，性淡凉，有清热解毒、利尿、止血功效。

二、水蕹菜栽培及管理

水蕹菜在水产养殖中的应用，常见淡水鱼类、虾、蟹、鳖等均适宜与水蕹菜进行种养结合。在以水产养殖为主的水面，种植水蕹菜的目的主要是净化水质、减轻养殖废水污染、促进水产品产量和质量提升，另外，水蕹菜产品还可以作为蔬菜食用或作为饲料。

1. 水蕹菜品种选择

水蕹菜优良品种有：赣蕹 3 号（江西南昌市农科院培育品种，具有分枝力强、生长速度快、根系发达等优点）、黎川水蕹菜（江西黎川地方品种）、博白蕹菜（广西博白地方品种，品质优良，为首个国家地理标志蕹菜产品）、四川蕹菜（又称四川藤蕹）、龙蕹（福建地方品种）、吉阳水空心菜高脚品种（福建建瓯地方品种）、广州大蕹菜（多采用种子繁殖，包括大骨青、大鸡青、大鸡白、大鸡黄、剑叶通菜、丝蕹等）以及柳叶形泰国空心菜等品种。水蕹菜-渔共生综合种养，可以选择以上品种进行生产。亦可选择本地栽培品种。

2. 水蕹菜育苗

（1）水蕹菜的繁殖。水蕹菜繁殖方式有种子繁殖和扦插繁殖。长江中下游流域，保护地育苗可于3月上旬至4月上旬进行，其后时间可露地育苗。早春保护地育苗采用塑料薄膜小拱棚，或与大棚配合使用。床土要求疏松、肥沃、透水、透气。籽蕹种子宜符合GB8079—1987中有关二级良种的要求。播前先用55 ℃温水浸种15分钟，再在25～28 ℃水中浸种18～24小时，或常温下浸种24～36小时，其间换水1～2次。浸种后用0.3%种子质量的杀虫剂和杀菌剂拌种消毒。之后，置25～35 ℃下保湿催芽2～3天，待种子破皮露白后即可播种。每亩用种约10 kg，采用大棚育苗，可栽水培面积0.7 hm²。播种前1天要浇足底水，播后洒清水一次，最后覆2 cm厚细碎腐熟有机肥或肥沃细土。采用露地苗床育苗时，要求保持土壤湿润，晴天早晚各浇水一次。温棚育苗时，若气温过高，应于晴天中午揭膜通风2小时左右，勿使棚内温湿度过高。齐苗后可浇5%～10%的稀薄腐熟人粪尿一次。保持田间湿润，并及时除草。苗龄40～50天，苗高20 cm以上即可定植。定植前数日揭膜炼苗，增强适应性。

（2）水蕹菜种茎的准备及留种。栽种的水蕹菜采用种藤、种苋进行无性繁殖。冬季不太冷的地区可以不贮藏种藤，在生产田中选择避风向阳的田块，于霜降前用渣肥或草覆盖种藤越冬。留种：一般于11月上旬选晴天将植株连根挖起（或藤尖齐土剪下），挖出种藤晾晒1天，晾至半干时，捆成把，放入窖中贮藏；窖温维持10～15 ℃，相对湿度75%。翌年春种藤上发生的侧蔓达30 cm时，可剪取扦插到本田。冬季稍冷的地区，冬季要对种藤进行贮藏。种茎越冬期：一般在11月上旬至3月上旬。如湖南长沙菜农用头年贮藏的种藤于春季剪成插条，直接扦插到本田。

（3）栽植方式与时间。水蕹菜有浅水栽植和深水浮植两种。浅水栽植是利用浅水田或低洼湿地栽培。适时移栽，长江流域于清明至立夏间（4月上旬至5月中旬）栽插，气温在15 ℃以上时栽植。深水浮栽是利用较深水位的池塘进行浮水栽培，栽植时间与浅水栽植相同。

1）水田栽培。利用低洼湿地栽培，应施足底肥，翻耕平整土地。水

田（稻田）栽前先将围沟水放浅，水蕹菜插条长约 20 cm，按行距约
40 cm、穴距约 25 cm，每穴斜插入秧苗 2 株，深度 3 cm 左右，插条要求
有 1~2 个节入泥，叶和梢尖露出水面。实生苗要求根系入泥。扦插后，
为提高土温、利于发根成活，水层不宜过深，一般以保持 3~5 cm 为宜。

2）池塘栽培。一般需采用池塘设置浮床框架再移植（深水采用浮植
的方法），采用左右交替排列，以平衡两边的质量和保证栽植密度均匀。
栽前清除浮萍、水绵等杂草。用竹竿、尼龙绳或稻草绳等固定，菜苗按
行距 50 cm、株距 30 cm 绑扎，每处 2 株。若水面小且流动性不大，可不
用固定材料。

如果池塘较浅、面积小，也可直接将种茎栽植于浅水池塘塘埂边缘
靠水一侧，之后用竹竿将茎尖有序引向池塘中间方向生长。株行距按
20 cm×30 cm 距离移植。同时，需栽植少量的沉水植物如伊乐藻等。

（4）肥料管理：追肥的施用应符合 NY/T394—2000 中 4.2 和 5.2 的
规定。宜结合采收和除草进行追肥，封行前，要及时拔除杂草。

种植水蕹菜要注意管理，一般在种植一个星期后，就要追肥，可追
施蔬菜专用肥。施肥以氮肥为主，用尿素和磷酸二氢钾作叶面喷施，浓
度以 0.3%~0.5% 和 0.2% 磷酸二氢钾为宜；早晚喷，忌中午喷，以防烧
伤叶片。且在每次采收后，按每亩 5 kg 尿素化水浇施 1 次；如施人粪尿，
用腐熟后的粪清，去其渣滓，先淡后浓，最大浓度约为 30%。

3. 水蕹菜浮水栽培

（1）浮床设计与制作。池塘菜鱼共生安装浮床。采用 PVC 管做框架
（或 HDPE 型聚丙乙烯塑料制成），综合考虑浮力、成本和浮床牢固性的
原则，以 75 管为最好。用 PVC 管弯头和粘胶将其首尾相连，形成密闭、
具有一定浮力的框架；通过弯头连接在一起，框架中间利用聚乙烯网片
作为水蕹菜的载体，而框架的面积根据池塘大小来调节。浮床框架设下
网眼直径为 0.5 cm 的衬网，用于防止养殖草食性鱼类摄食水蕹菜的根
系。生物浮床均匀、整齐排列，浮床面积占池塘面积的约 20%。浮床排
放时离池塘边的距离在 1.5 m 以上；排放成"L"字形、"口"字形、
"川"字形等。按照池塘面积 20% 的比例，将种植好的浮床放入池塘，浮
床在池塘中放置的方式可单独固定，也可浮床首尾相连后用尼龙绳固定
于池埂。有研究表明，10% 水蕹菜浮床覆盖度最有利于鱼类优良鱼肉品
质的形成，过高的覆盖度则起相反作用。而对于甲壳类（虾、蟹），水蕹
菜覆盖总面积达到 40%，有利于虾、蟹的生长。

1）没有养殖草食性鱼鱼塘的浮床制作。用 PVC 安装成长方形框架作浮床，宽 1.8 m，长度根据鱼塘大小而定，一般 5～10 m，内侧用 2 m 宽的遮阳网或渔网铺好，网目大小以不漏出水蕹菜茎节为宜。框架两端用尼龙绳固定在鱼塘边，以防浮床随风浪漂浮而移位。

2）养殖草食性鱼鱼塘的浮床制作。框架制作与"没有养殖草食性鱼"相同。为了防止草食性鱼啃食水蕹菜根茎，必须在浮床下增加一层防护网，防护网可选用防虫网或其他网面材料。防护网与固定水蕹菜的网面材料间距 20 cm 左右。

3）按照池塘所在地风向，初期将浮床固定于池塘的上风口，防止种植水生蔬菜被大风吹散，待植物根系生长固定后，可将浮床移至适宜的位置。如果采用泡沫板浮床，则泡沫板厚度为 3 cm，长 1.2 m，宽 0.8 m，定植穴间行距为 18 cm×18 cm，定植穴直径 2 cm。

浮基最好采用不易变形，在耐高温、耐腐蚀方面有优良表现，养殖时可以循环利用的。通常情况下，使用 PE 材质的管道，不但能解决低温冻胀和高温老化等气候影响的问题，而且一次制作，长期使用，省时省力。如果采用简便的浮床栽培，可将水蕹菜的秧苗头尾相间或呈羽状排列，按间距 15～20 cm 编制在草绳上，选择水深肥沃的烂泥塘，在塘的两边打桩，将草绳按宽行 100 cm、窄行 33 cm 拴在木桩上，并留有余地，使草绳能随水位涨落而漂浮水面。浮水栽培的田间管理难度较大。

在保障浮水种植的水蕹菜植株可以随水位变化而上下浮动，但水平移动距离较小或不能水平移动的前提下，可以：①不采用任何固定设施，将水蕹菜实生苗或插条（20～30 cm）直接均匀抛撒于池塘水面，任其漂浮生长。②将水蕹菜实生苗或插条间隔一定距离（30～50 cm）串联绑缚于塑料绳上，一并置于水面，按照一定行距，将塑料绳两端或一端固定即可。③选细竹竿（或细木杆）3 根，绑扎成三角形，置于水面，三角形中垂直插竿 1 根，然后将一定量水蕹菜实生苗或插条直接散置于三角形内，任其生长，同一水面，可以布置多个三角形。④在池塘四周岸边种植水蕹菜，待水蕹菜植株抽生茎蔓后，引入水面自由延伸生长，由于部分人对水蕹菜生长习性不了解，往往在浮床制作上花费过多，有的浮床制作成本甚至高达 15～20 元/m²。其实，自然状态下，水蕹菜可以漂浮生长，因此不提倡采用高成本的浮床。但此种简易浮水种植方式，菜鱼共生只能以套养肉食性的鱼类为主。

（2）水蕹菜的栽植。在鱼塘水边上种植水蕹菜，一般是 4 月中旬播

种在岸边苗床上，5 月下旬移栽到浮排上。池塘水蕹菜-鱼共生，浮床安
装好后，将水蕹菜秧去叶，剪成 12 cm 左右且带有腋芽或顶芽的小段，
取 4～6 株植入一个网孔中（网片直径为 4 cm，以插入水蕹菜后能固定住
为宜）。扦插时，保持株距 20～25 cm，行距 25～30 cm。追肥用 0.4％尿
素喷施。或者水蕹菜 5 月上旬开始育苗，培植至 30 cm 高且根系长达
5 cm 左右可移植到浮床，用网片控制植株。有研究表明，在行距为
30 cm 时，最适宜水生蕹菜的生长株距为 30 cm。

成鱼养殖池中水蕹菜浮床面积以 15％～18％为宜。生产实践中，养
殖水面种植水蕹菜的面积比例，比较随意，有的低于 5％，有的高于
40％。具体应用中，要根据生产目的（如是以采收水蕹菜为主，还是以
收获水产品为主）、水产养殖种类和时期、水蕹菜种植时期等因素确定水
蕹菜种植面积。此外，水蕹菜-渔综合种养中所养殖鱼类如果是草食性和
杂食性的，种植水蕹菜则池塘安置养殖草食性鱼的浮床；放养肉食性的
鱼类，种植水蕹菜则池塘应安置没有养殖草食性鱼的浮床（图 5-1）。

图 5-1　水蕹菜池塘浮水栽培

4. 水体 pH 值调节

一般来说，菜鱼共生种养系统对水体 pH 值的变化非常敏感，有研究
表明如果植物种植在 pH 值为 7.0～8.0 的环境下不会影响产量，那么菜
鱼共生种养系统中的氨氮转化率将会提高，这样有利于放养更多的鱼类，
而植物也将从更多的鱼类排泄物中获取必要的营养元素。此外，在菜鱼
共生系统中加入矿物元素会对蔬菜生长以及品质产生积极影响，例如在
系统中投入麦饭石、火山石或者陶粒，可以增加水体中的矿物质含量，
提高蔬菜叶绿素含量，促进系统中蔬菜的生长。另外，将麦饭石应用于
菜鱼共生种养技术中，不仅可以通过吸附作用净化水体，而且对于水体
的 pH 值可以起到双向调节作用。同时，麦饭石内溶出的各种微量元素对

鱼类机体的生长发育、抗疲劳、抗疾病性有显著的提高。

5. 病虫害防控

在农业防治和物理防治的基础上，参照 GB 4285—1989《农药安全使用标准》和 GB/T 8321.7—2002《农药合理使用准则》。农业防治如坚持与其他作物轮作 3 年以上，施用腐熟的有机肥，减少病虫源；物理防治如使用太阳能杀虫灯或粘虫板诱杀蛾类、直翅目害虫的成虫，利用糖醋液引诱蛾类成虫，集中杀灭。水蕹菜浮植于水里，一般情况下无需喷农药，只吸收水塘里富营养化物质，长得又快又嫩，口感也好于陆地栽培的水蕹菜。当水蕹菜虫害如卷叶虫、斜纹夜蛾等暴发情况下，可用 90% 晶体敌百虫加水 800～1 000 倍液喷雾；如果养殖期间有大量害虫吃食水蕹菜，可以采用苏云金杆菌＋吡虫啉或者用"康宽"进行喷雾。喷洒农药时，要保证药物充分溶解，均匀喷洒于蔬菜叶面上；选择在晴天无风天气进行喷雾，并适量进水，以减少鱼类的应激或可能造成的药害。

6. 水蕹菜采收

当侧枝长到约 30 cm 时，向两侧摆顺并压蔓，促使侧枝上发新根和长出新的侧枝。以后需经常摆蔓和压蔓，直至摆满田边一侧为止。待嫩梢长至 30～40 cm 时，便可开始采摘上市。

水蕹菜定植后 20～30 天即可采收。一般每隔 10～15 天采收一次，夏秋高温季节 7～10 天采收 1 次，其后采收间隔期逐渐延长，天凉后隔 20 多天采收 1 次；采摘方法与旱蕹菜相同。采摘时基部留 2～3 节（留茬 5 cm 左右），使腋芽再次萌发生长。至 10 月下旬低温霜冻时采收结束。

7. 轮作和间作

实行水蕹菜-渔综合种养时，水蕹菜主要以浮水栽培为主。菜鱼共生以养殖草食性鱼类为主的情况下，由于黑麦草、小米草和水蕹菜等都能在水面上无土育苗和栽培，因此对水面可实行四季常青的轮作制。这样，就能利用水面解决草食性鱼类整个生长期的青饲料供应。水面种青轮作的主要形式为黑麦草→小米草→水蕹菜→黑麦草。为了充分利用水面，在无草食性水生经济动物的水体中，黑麦草和小米草可与有固氮能力的满江红属植物间作，水蕹菜还可与芜萍或紫背浮萍间作。

第二节　水蕹菜-渔种养模式

目前，菜鱼共生种养技术中，鱼类常选用罗非鱼、鲢鱼、鲈鱼等，水生蔬菜常选用生菜、菠菜、莴苣等，一定程度上导致系统中菜鱼共生的品种较为单一，且多采用高成本的设施设备进行生产，经济效益不显著，这也限制了该项技术的广泛推广。已有研究表明，水蕹菜作为常见的可食用水培植物，在菜鱼共生系统中已大规模应用；且水蕹菜对鱼类养殖系统水质具有良好的影响，能有效吸收鱼类养殖水体中的无机氮盐，促进有害氮盐向可吸收利用氮盐转化，起到净化水质的作用。特别是水蕹菜具有根系浅、载荷轻，再生能力强，不易发病，对浮床适应性强等优点，常作为生产的首选。采用水蕹菜（水空心菜）池塘浮床栽培有利于养殖鱼类的生长，具有生态高产的效果。利用自然滩头、低洼湿地、水田栽培，应选择排灌方便、肥沃、背风向阳、烂泥层较浅的田块种植。既能有效改善生态环境，又能提高经济效益。利用稻田菜鱼共生的情况下，水蕹菜也可以按一定的覆盖面积用于稻田围沟外边侧的移植，而不影响水稻生产。水蕹菜-渔综合种养主要用于湿地、池塘养鱼浮水栽培生产。此处只重点介绍水蕹菜浮水栽培套养鱼类的方法。

一、水蕹菜-渔综合种养模式

有研究表明，水蕹菜-渔种养结合，水蕹菜合适的种植密度以 45 株/m² 为宜。一般通过水色、气味、底泥深度、养殖年限及水生蔬菜品种来确定池塘合适的种植密度，池塘蔬菜种植面积根据池塘水质来确定，水质越肥种植面积越大。根据各地菜鱼共生情况，水蕹菜的种植面积以每养殖 100 亩水面种植 10～20 亩为宜。

1. 水蕹菜-黄颡鱼种养模式

黄颡鱼是底栖无脊椎动物，以软体动物、虾、水生昆虫、小鱼为主，黄颡鱼属于温水肉食性鱼类。黄颡鱼对环境适应性较强，其最适合生存和生长的环境温度为 25～28 ℃；最适宜生长 pH 值为 7.0～8.4，但其在 0～30 ℃水温和 6.0～9.0 的 pH 值下都可生存。因此在我国分布较广，全国各主要水系流域都有分布。黄颡鱼无磷，在温度较高的季节或水体环境较差的时候易出现细菌性疾病或寄生虫，最好选择有自然流水或排灌设施较好的池塘，同时注意在池塘中安装增氧设备，由于种植的水蕹菜有遮阴降温和净化效果，对养殖的水质保持和黄颡鱼的生长也具有良好的作用。

每亩放养体重约 20 g（长度约 10 cm）的黄颡鱼苗 1 200 尾；同时套养中华圆田螺和少量花白鲢鱼，其中田螺于 4 月上中旬放养，每亩放养大规格的种螺 120 kg，一次性放足；鲢鱼每亩放养约 20 尾，鳙鱼放养约 40 尾，套养鲢鱼规格 100 g 以上，鳙鱼规格 250 g 以上。鱼苗下塘前，需消毒并检测养殖的水质，符合要求才投放鱼苗。

投喂管理：饲料为黄颡鱼专用饲料。每天上午 9：00 和下午 5：00 各进行一次喂料，采用"四定"方法进行投喂。每天观察黄颡鱼生长和水蕹菜生长情况，不仅要及时捞出死亡鱼，处理开花或枯萎的水蕹菜苗并进行补种，还要及时对水蕹菜进行分枝和采摘。保持水质的清澈和稳定，透明度应保持在 35～40 cm。放养密度高的池塘应安设增氧机防止缺氧浮头，养殖期间注意采用 24 小时机械增氧；或保证流水养殖。

2. 水蕹菜-罗非鱼种养模式

养殖池塘需安装增氧设备。水蕹菜在池塘浮水栽植并固定好后约 15 天，每亩投放体重约 50 g 罗非鱼苗约 2 000 尾；放养前对鱼苗进行消毒处理。

日常管理：管理方式同水蕹菜-黄颡鱼种养模式。苗种投放后，及时注入新水，逐渐提高水位，使水位维持在 1.0～1.8 m。每天巡塘，发现问题及时处理；根据天气情况开启或关闭增氧机，保持养殖池塘水体有充足溶解氧；观察有无死鱼浮出水面，并及时清理。投饵坚持"四定"原则，出现雨天等恶劣天气时停喂或少喂，避免罗非鱼吐饵污染水质。投喂具体应根据放养鱼的大小、多少来定食饵，鱼多、鱼大多投料，反之则少投料，以防食饵不足吃水蕹菜茎叶，影响其生长。如果每亩放养在 200 尾以下，基本上可以不投放鱼饵，罗非鱼主要以水生杂草、浮游生物为食。于 10 月中旬将养成的商品罗非鱼捕尽。

3. 水蕹菜-斑点叉尾鮰种养模式

与上面两种模式类似的还有水蕹菜-斑点叉尾鮰共生种养模式。斑点叉尾鮰是底栖杂食性鱼类，一般混养效果较好。

（1）鱼类放养。适宜于与斑点叉尾鮰混养的鱼类主要有鲢鱼、鳙鱼、草鱼、鲮鱼和罗非鱼等。混养亩放斑点叉尾鮰夏花 1 000～1 500 尾；放养 20 天后再放套养品种，混养鲮鱼苗 600～800 尾/亩，鲢鱼 30～50 尾/亩，鳙鱼 60～80 尾/亩；其中鲮鱼规格 10 g 以上，配养鲢鱼规格 100 g 以上，鳙鱼规格 250 g 以上。鱼种均要求规格整齐，无病伤。

（2）投喂。放养初期饲料蛋白含量要求 30％～35％，养殖中后期蛋白含量可降至 25％～28％。投喂量放养初期为鱼体重的 3％～5％，个体重达 500 g 后为 2％～3％。斑点叉尾鮰有群聚特性并喜欢弱光摄食，投喂时间应选在黎明及黄昏，通过定时定点驯食，可以提高饲料利用率。

（3）水体调控。种养结合的池塘设置增氧装置，发挥其搅水、增氧、混合、曝气的作用。保证养殖水体溶解氧在 4 mg/L 以上。4 月中旬至 9 月底，晴天中午开增氧机 1～2 小时；阴天清晨开，连绵阴雨半夜开，在浮头前早开。

养殖期间，视水质变化和水源质量，实行有限量水交换原则，保持水环境的稳定。利用微生态调节剂、养殖环境调节剂调控水质、改良底质，抑制病原微生物和有害物质，净化养殖池中的排泄物和残饵，保持池塘的清洁卫生，营造良好的生态环境。

4. 水蕹菜-鸭-鱼高效生态种养模式

（1）鸭苗放养要求。为防止鸭子吃鱼苗，一是控制好鸭子放养大小、数量和错开两者的放养时间。鸭子只能放养以刚脱温的雏鸭为主，体重 100～150 g；雏鸭放养量每亩不超过 25 只，鸭苗放养前完成疫苗免疫接种工作；放养时间在鱼苗放养 1 周以上及水蕹菜移栽发芽后进行。二是养殖期间应保持池塘较深水位，水面生长的水蕹菜宜设置拦隔，留出一定的连贯空白水面，以供鸭子活动，同时起到隔离鸭群和水蕹菜的作用。

（2）鱼种选择。主要选择鲤鱼（金背鲤）和鲫鱼（合方鲫）混合放养，二者比例为 5∶3，投放 6～8 cm 的鱼种，放养总量为 200～300 尾/亩，浮床移植水蕹菜水质稳定后即可放入鱼苗。金背鲤为底栖鱼类，合方鲫适应能力强生长速度快，两者能很好地避开鸭子的追捕。

（3）控制水质水位。池塘是水蕹菜、鱼、鸭的共同生活环境，控制好长流水的进水量，平时池塘水位保持在 80 cm 左右，高温天气、水质恶化要加大进水量，确保溶氧充足。

（4）投喂管理。在鸭子生长的中后期，每天适当补充饲料，每只鸭平均每天补充饲料 70～100 g，以减少鸭子对水蕹菜的危害及增加鸭子的商品性。

水蕹菜-鸭-鱼模式养殖过程中根据需要适当投饵；池塘水蕹菜管理不施用化学除草剂和化学农药。鸭、鱼产品绿色健康无公害。每亩产收获商品鸭约 20 只，商品鱼 50 kg 以上，经济效益显著。达到"一池多用、一水多收"的效果。

除上述模式外，还有水蕹菜-鸭-丁桂鱼模式。丁桂鱼适应范围广、抗病力强，为一种广温、底栖性鱼类；杂食性，主要摄食枝角类、桡足类等浮游动物以及摇蚊类幼虫、软体动物、甲壳类等底栖动物。水面养鸭，水底养殖丁桂鱼，鸭粪含有磷、钾、氮，是丁桂鱼的最爱，充分利用食物链的原理，鱼鸭互利共生，节约空间，一举两得。

如果采用水田栽培种养结合方式，水田的沟凼可以提前放入鱼苗，田间主要放养耐低溶氧和耐高温的鱼类，如鲶鱼、罗非鱼等品种。生产设计可直接在田间养殖围沟上方设置养鸡棚或鸭棚，可参照稻-鱼＋鸡模式（图5-2），高密度养鸡或养鸭，鸡鸭排放的粪便则作为放养鱼类的天然饵料。

图5-2　参照稻-鱼＋鸡综合种养模式，在养殖围沟上方设置养殖棚

二、水蕹菜-泥鳅种养模式

水蕹菜-泥鳅种养生产关键应该把握三个方面：一是用8目左右120 cm高的网片在四周围一圈做成防逃网，网片底部插入泥中20 cm，以防漏洞、裂缝、漏水等造成泥鳅逃走；特别是在进排水口位置，最好是设置单独的PVC进出水管，并且管口用20目以上的尼龙网封口。二是搭建防鸟网。在水塘的东西向每隔30 cm打一个相对应的竹桩，每个竹桩高20 cm，打入塘埂10 cm，用6磅胶丝线（直径0.2 mm）在两两相对应的两个竹桩上拴牢、绷直，形状就像在水塘上面画一排排的平行线。由于胶丝线抑制了水鸟的飞行动作，就制止了水鸟对泥鳅的捕食。三是为保证泥鳅的成活，放养鳅苗应在5 cm以上。

1. 放养鳅苗

4月上旬，每亩平均投放鳅苗约200 kg，鳅苗规格400尾/kg左右，下田前用20 mg/kg碘制剂浸浴消毒处理10～15分钟。

2. 种植蕹菜

4月上旬，在水塘中放置捆扎好的竹排，竹排长2 m，宽1.2 m，每亩池塘放置竹排约 100 个，竹排放置面积占池塘水面的 40% 左右。每个竹排栽 90～100 窝蕹菜苗。有研究表明，池塘水面浮植水蕹菜养殖泥鳅的最佳浮植面积比例为 20%，其养殖的经济效益及水质调控等综合效果最好。

3. 饲养管理

投喂颗粒饲料，饲料粗蛋白含量 36%，日投喂 2 次，上午 9：00—10：00、下午 5：00—6：00。投饲量一般按泥鳅总体重的 3%～5% 计算，上午投喂日饵量的 40%，下午投喂日饵量的 60%。

4. 水质管理

（1）温度和透明度的管理：做到每日查看水温并做好记录，水深保持在 50 cm 左右，透明度 25～35 cm，高温季节勤换新水，水温不能超过 30 ℃。

（2）水化学指标的管理：每周或半个月测定一次溶氧、pH 值和氨态氮，保持溶氧量 4 mg/L 以上、pH 值在 7.5～8.5、氨态氮含量低于 0.2 mg/L。

5. 防治鳅病

每半个月用 1 mg/L 的漂白粉全池泼洒进行水体消毒；投喂作为抓手，每月 100 kg 泥鳅用捣碎的大蒜头 500 g 拌饲添加投喂，预防肠炎。

6. 收获

水蕹菜从 5 月开始采收，到 10 月采收完毕，总共采收 20 次左右，9 月底将尾重达到 15 g 的商品泥鳅分批捕捞上市。

三、水蕹菜-中华鳖＋N 种养模式

1. 注意问题

水蕹菜-鳖综合种养生产，关键是中华鳖的防逃和投喂。一是在养殖池塘的塘埂周围，采用次品瓷砖设置防逃墙，墙体高约 1.0 m，瓷砖光滑的一面朝向塘内；瓷砖大小为 0.6 m×1.2 m，瓷砖下部埋入土中约 20 cm，相邻两块瓷砖的上部用专用的螺丝固定。二是注意定时投喂，饵料以田螺和小杂鱼等为主。

2. 鳖苗的放养

选择强壮、无伤、体表光滑、规格整齐的鳖种，每只规格在 300～400 g；菜池平均每亩投放约 150 只。放养前用 30 g/m³ 的高锰酸钾溶液浸泡 5～10 分钟消毒。中华鳖在池塘浮排移植水蕹菜的 10～15 天后放养，鳖苗雌雄分塘养殖。为净化水体和提供活饵，在 4 月初每亩投放 150 kg 种螺（中华圆田螺），另投放 150 尾鲢鱼和 50 尾鳙鱼种。养鳖池每 2～3 亩放置规格为 2 m×1 m 的食台 1 个，食台与水面保持 30°左右，食台一侧延伸至水下 20 cm，另一侧保持在水面上，方便幼鳖来摄食饲料和活动。

3. 投喂管理

所放养的鳖苗以配合饲料和水体中自然生物（田螺）饵料为主要的食物来源；新鲜小鱼虾、鲜鱼肉，一些动物的内脏作为辅助投喂饲料，驯食投喂要从鳖种进入池塘的第三天开始，配合饲料每日投喂量按照鳖体重的 2％投喂，新鲜饲料按体重的 4.5％～6％进行投喂，投喂时将饲料摆放在位于池塘边的食台上面。池塘的水位控制在 50 cm 左右。

4. 日常管理

水蕹菜植株保持覆盖面积为池塘总面积的 30％左右，若超 30％，将超出部分作为蔬菜或青饲料及时采收。养殖过程中，通过每天巡塘观察中华鳖生长、防逃设施、水质等状况，水体溶氧保持在 4 mg/L 以上，pH 值在 7～8，氨态氮小于 14 mg/L，透明度为 20～30 cm。及时除去天敌和害虫，保持养殖水体清洁，尤其注意清除残余饵料。要定期清理食台和工具。在大雨、雷阵雨和闷热天气里，增加夜间巡塘次数。将大蒜素和三黄粉等药物搅拌到饵料里面定期投喂，能够保证试验鳖少发病，健康生长。

四、水蕹菜-黄鳝网箱种养模式

1. 网箱的安置

该模式根据池塘面积大小，每亩安置网箱 10～20 个，每个网箱体积为（2～3）m（长）×2 m（宽）×（1.2～1.5）m（高）见方。人工网箱养殖，在箱体中安置"浅水位款"鳝巢 2～3 组，同时移植水蕹菜以解决栖息、庇荫及打洞栖身等问题。

网箱内安置固定食台对黄鳝训口很重要。采用规格 0.5 m×0.5 m 的框架，中间用 0.5 mm 绢布做成，固定在网箱的一边，水下 0.1 m 的位置。防止水草生长侵入框架，此框架也是投料孔和观察孔。

2. 网箱的要求

（1）网箱质量要求。一是牢固耐用，能抗炎热高温和低温而不破损，抗老化耐拉力强，能用约 3 年。二是网布不跳纱，不泄纱。三是网目小，

以黄鳝尾尖无法插入网眼为宜。网箱排列整齐。四是网箱高度，水下约
0.8 m，水上约 0.5 m；网箱面积占养殖池塘面积的比例不超过 30%，以
便于水质控制。

（2）浸泡网箱。新制作的网箱需要在池塘或稻田围沟里浸泡 2 个星
期以上，一方面消除聚乙烯网布产生的毒素，另一方面让网箱附着各种
藻类，即网箱表面附上一层生物膜，使质地变柔软，避免黄鳝受伤，感
染疾病。放箱方法最好是在冬闲期，排干池塘水后，进行安装操作（图
5-3）。

图 5-3 池塘安置网箱，箱内种植水蕹菜养殖黄鳝

3. 水蕹菜的栽植及收获

箱内浮植水蕹菜。5 月上旬水温达到 15 ℃以上，苗长 0.25 m 左右，
将水蕹菜移植至网箱；按照 1 kg/m² 的质量直接均匀抛入网箱。

6—10 月每 10～20 天徒手采收一次，采收 30%，留叶量 70%。水蕹
菜不能长出网箱口，避免黄鳝顺菜外逃。

4. 鳝苗的放养

（1）苗种来源。取自本地野外鳝笼诱捕的鳝种，最好是本地专用的
繁殖池或网箱培育的鳝种，成活率高。

（2）放养规格密度。每一网箱内放养规格一致的鳝苗，苗种规格一
般 20～40 g/尾为宜；放养密度 150 尾/箱左右，或者放养密度约 2 kg/m²
为宜。这种规格的苗种整齐，生命力强，放养后成活率高，增重快，产
量高；鳝种规格过小，摄食能力差，增重不快，当年不能收益。放养时
间在每年的 6 月，水温一般 22 ℃以上，适宜黄鳝放养；晴天放苗，放养
前用浓度为 20 g/m³ 的聚维酮碘溶液对鳝苗浸浴 10 分钟。

（3）放养方式。主要为一年养殖和两年段养殖。一年养殖是每年 6

月中下旬进苗，经过 3～4 个月养殖，再上市销售，黄鳝增长倍数为 3～4 倍。两年段养殖是每年 7 月下旬到 8 月中旬进苗，经过两个月暂养，再到第二年 4 月下旬开始分箱饲养，养殖时间达到 6～7 个月，黄鳝增长倍数可达到 8～10 倍。

（4）池塘调水鱼的放养。鲤鱼 100 尾/亩，规格 8～10 g；白鲢 120 尾/亩，规格 8～10 g；鳙鱼、草鱼各 40 尾/亩，规格 15～20 g。共计 300 尾。

5. 投饵方法

投饵量灵活掌握，确保鳝鱼吃饱。饲料以蚯蚓为最佳，也可以投一部分蚌肉、螺蛳肉、麦麸、瓜果、菜屑等饲料。投喂以动物性饵料为主；或者鱼糜与黄鳝颗粒料比为 2∶1。日投喂量为黄鳝总体重的 5%～8%，以黄鳝 2 小时内吃完为度；配合饲料为主，日投喂量为黄鳝总体重的 2%～4%，以黄鳝 1 小时左右吃完为度。掌握"四定"投饵原则。定位：黄鳝活动能力差，摄食半径约 1.5 m，一般要求每 2～4 m² 设 1 个食台。定时：每天下午 5∶00 准时投饵。定量：日投饵量为鳝鱼体重的 5%～6%；在鱼肉糜拌入 EM 菌液（用 EM 原露加红糖自制）。便于黄鳝均匀摄食。投喂为八分饱为度。定质：就是要求投喂的饵料要新鲜，有营养成分，适口以及不含病原体或有毒物质。

6. 病虫害防治

黄鳝是无鳞鱼类，对漂白粉、高锰酸钾等强刺激性药物敏感，养殖中禁止使用该类药物，黄鳝养殖过程中要坚持"无病防病、有病早治、防重于治"的原则，夏季高温季节，定期施用微生态制剂，或在鳝池网箱中泼洒聚维酮碘防病抗病，或用大蒜拌饲料以预防细菌性肠炎病。养殖期间及时换注新水，保持水质清新，溶氧充足。黄鳝经过 6 个月养殖后，收捕、上市。

7. 模式的意义

传统网箱内遮阴栖息的水葫芦冬季极易烂根，导致水质二次污染，而水花生过度生长，会造成根系缠绕较深，水面覆盖率过高，不利于鳝鱼有充足空间到浅水层呼吸、摄食。将传统的网箱内遮阴栖息植物改种水蕹菜，利用水蕹菜发达的根系吸收箱内水体中富余营养物质，改善水体环境；水蕹菜定期采摘加快促进箱内富余营养物质转化利用，减少黄鳝病害发生，以提高黄鳝、水蕹菜的产量和品质。

第三节　"水蕹菜-麦穗鱼＋"种养技术

麦穗鱼是我国重要的经济鱼类。由于甲鱼、鳜鱼、鲈鱼等肉食性鱼类养殖产业的发展，以及特色食品火焙鱼的加工原材料的需求，市场对麦穗鱼的需求量越来越大。一方面，肉食性鱼类与麦穗鱼套养，麦穗鱼可作为肉食性鱼类的饵料来源；另一方面，特色农产品火焙鱼的加工，对麦穗鱼需求量大增，近年来麦穗鱼养殖迅猛发展，产业前景可观。

因此，此处专门将"水蕹菜-麦穗鱼＋"综合种养作为重要一节进行详细阐述。

一、麦穗鱼知识的简要介绍

麦穗鱼属于鲤科麦穗鱼属鱼类，是鲤鱼基因变异的品种，是整个鲤科下最小的一种鱼类。麦穗鱼分布范围广，对环境适应能力强，其耐寒力及对水的酸碱度适应性都很强，在 0～40 ℃的水体中都能生存。它们喜欢静态、水透明度不高、水草较多的水域，这样的地方有充足的食物供其食用。麦穗鱼为平地河川、湖泊及沟渠中常见的小型鱼类，其食性十分广泛，在湖南省为终年摄食的鱼类。

麦穗鱼广泛存在于我国各地各类水体中；麦穗鱼食性杂，包括浮游生物、水中昆虫幼体、水藻、水生植物嫩芽、有机碎屑。小稚鱼以轮虫等为食，体长约 2.5 cm 时即改食枝角类、轮虫类的摇蚊幼虫及孑孓等。麦穗鱼进食时间比较长，冬季不冬眠，一年四季生长，人工养殖非常简单。作为淡水常见小鱼，体长一般在 15 cm 以下，常见个体一般在 20 g 以内；麦穗鱼体长增长以 Ⅰ～Ⅱ龄较快，尤以 Ⅰ龄为快，Ⅱ龄以后平缓。这与其性成熟快有很大的关系，Ⅱ龄后进入繁殖期，大量消耗能量，个体增长没有 Ⅰ龄快。麦穗鱼饵料系数低、抗病能力强、养殖周期短、养殖综合成本低、市场价格高，因此其养殖效益不低于"四大家鱼"等传统养殖鱼类。

麦穗鱼在湖南地区俗称"青皮嫩""嫩仔鱼""肉愣子"，可将它油炸或做成火焙鱼，是一道不错的下酒菜。火焙鱼即是以麦穗鱼为原料生产加工，火焙鱼是湖南的传统名菜，属于湘菜系。火焙鱼不仅好吃，也便于携带和收藏。湖南火焙鱼是最具特色风味的农产品，风味独特，香甜可口，促进食欲，深受消费者喜爱。更因火焙鱼是毛主席生前最爱吃的食品之一而名扬四海，成了一些宾馆、酒店的佳肴。麦穗鱼营养价值丰富，尤其是含钙量比较高，很适合老年人和小孩食用。

（一）人工养殖

麦穗鱼人工养殖的较少。市场上的麦穗鱼多来源于野生，且供不应求，鲜鱼价格在 30 元/kg 左右，火焙鱼 200～360 元/kg。在长沙县调研发现通常情况池塘主养每亩产量 250～500 kg；麦穗鱼繁殖率较高，人工养殖（主要是套养）条件下，不需要增加额外的生产投入，且养殖效益高，只要技术到位、管理工作做得好，每亩可产 150 kg 以上。生产中稻田养殖极少，湖南农业大学稻田生态种养工程技术研究中心团队 2000 年开展稻＋麦穗鱼试验示范，至 2022 年底，已超过 250 亩；并取得了良好的经济、生态和社会效益。

指导人工养殖典型案例：长沙县福临镇，长沙晶英农业科技发展有限公司以特种鱼类麦穗鱼全产业链生产为主，主要包括麦穗鱼繁殖、养殖、加工、餐饮、线上线下平台的销售。公司采取统一苗种、统一饲料、统一渔药、统一管理、统一产品市场定点回收"五统一"的规范种养生产经营模式，以火焙鱼加工为重点。该公司有水产养殖基地 100 亩（其中池塘养殖 30 亩，稻田养殖 70 亩）；年产麦穗鱼 20 000 kg；按鲜鱼市场统一价 40 元/kg 计算，去除成本，每亩新鲜鱼纯利 4 000 元以上。公司最大特色就是兼营加工销售其他基地的嫩仔火焙鱼，除吸纳就业人员产生社会效益外，年纯利逾 70 万元。

（二）生物学特性

1. 杂食性

麦穗鱼是杂食性鱼类，其中鱼苗阶段主要以轮虫、桡足类等浮游生物为食，体长至 2.5 cm 时主要以藻类、枝角类、水生昆虫及幼虫、高等植物碎屑等为食，尤喜食腥味面食。

麦穗鱼终年摄食，摄食强度随水温变化。食物组成通常有季节变化，春季以植物性食物为主，秋季以动物性食物为主，冬季则以摄食高等植物种子为主。食物的种类随着其个体大小、季节、环境条件、水体中优势生物种群的不同而改变（其食物组成依生态环境的饲料生物组成而定）。麦穗鱼在春、夏、秋三季的摄食强度较大（秋季为最大），冬季随着水温下降其摄食强度也逐渐减弱。水温 11 ℃以下时，仍可见摄食强度较高的个体。

2. 广温性

麦穗鱼是广温性鱼类，生存临界水温 0～40 ℃，最适生存水温 16～32 ℃，摄食临界水温 5～40 ℃，水温低于 5 ℃或高于 40 ℃时停止摄食，水温高于 15 ℃且低于 35 ℃时食欲最旺盛。

3. 广适性

麦穗鱼在我国除西北高原地区外各地的池塘、沟渠、溪流、江河、湖库、沼泽等水体均有分布。麦穗鱼是广适性鱼类，对水体的 pH 值、低溶氧量、酸碱性、水温等环境适应性很强，亦能适应较差的水质，不管深水或浅水、流水或静水甚至在咸淡水中都能正常生长、繁殖。

4. 年龄与生长

麦穗鱼是小型淡水鱼类，有一定的食用价值和观赏价值，既可作食用型鱼类，亦可作观赏型鱼类；麦穗鱼生长速度较快，但个体小，常见个体 5～8 cm，一般体长 11 cm 以下，最大个体可达 15 cm 以上。Ⅰ龄鱼平均体长 3.57 cm，平均尾重 2.15 g，Ⅱ龄鱼平均长 6.32 cm，平均尾重 5.46 g，Ⅲ龄鱼平均体长 7.12 cm，平均尾重 6.72 g，鲜见Ⅳ龄个体。人工养殖条件下，当年可长至 4.3～8.1 cm，平均尾重 6.89 g。麦穗鱼Ⅰ冬龄可达性成熟，个体增长以Ⅰ～Ⅱ龄较快，尤以Ⅰ龄为快，Ⅱ龄以后渐趋平缓。生长率一般在夏、秋季较高，以 7—9 月为峰点。

5. 繁殖特性

麦穗鱼雌雄鱼在平时难以区别，但在繁殖季节却有明显生殖特征。雄鱼在头部的吻端、下颌和鳃盖底部均会出现角质追星，且一般雄鱼个体大，体色灰黑；而雌鱼则个体较小，体色浅黄色，腹部隆起。麦穗鱼当年苗种就可达性成熟，繁殖盛期在翌年 3 月底到 7 月中旬。一般从Ⅱ龄开始麦穗鱼繁殖能力达到峰值。麦穗鱼为分批产卵的鱼类。麦穗鱼喜在水草茂盛的浅水区产卵。自然繁殖时，其卵浅黄至浓黄色，吸水膨胀，卵径约 1.3 mm，为沉性黏着卵，具有强黏性，经常附着于水草、石块或小树枝等处。繁殖季节雄鱼格外活跃，常在黎明时追逐雌鱼，闷热、雷阵雨或微流水等更能刺激其交配产卵。卵从受精到孵化出苗在水温 25～28 ℃时约需 48 小时。产卵后雄鱼护卵（图 5 - 4）。

图 5-4　麦穗鱼

二、养殖池塘的选择与改造及水蕹菜的栽培

（一）养殖池塘的选择与改造

1. 养殖池塘的选择

选择有相对独立的进、排水系统，排灌方便的池塘；池塘的水源与水质：水源充足，无污染，排灌方便，水源水质应符合 GB11607 的规定，养殖水质应符合 NY5051 的规定。池塘的选址要保证周围环境安静。面积大小 0.15～0.67 hm²（2.25～10.05 亩），池深 1.8～2.0 m。底泥深 10～20 cm，底质应符合 NY5361 的规定。

2. 养殖池塘消毒

投放麦穗鱼鱼苗前 20 天左右，清理池塘过多的淤泥，每亩用生石灰 100 kg 化水全田泼洒消毒，清除敌害生物。消毒一般在冬季进行。或使用茶粕消毒，敲碎后用水浸泡 24 小时，再加水，全池泼洒；500 kg/hm²（水深 1 m）用量。在自然界中麦穗鱼的天敌主要有鲈鱼、翘嘴鱼、黑鱼、鳜鱼、甲鱼等，清田有利于清除野杂鱼。此外，池塘进水口要用 60 目纱网过滤，平时要注意清除池塘敌害生物。

消毒后每亩池塘用施发酵好的农家肥（如猪粪、鸡粪）20 kg 进行肥水，培育轮虫，使池水透明度保持在 20～25 cm。根据池塘面积配备增氧机，每口池塘配备 1～2 台增氧机。

3. 池塘种植水生植物

在池塘中种植一些水生植物，可以有效净化水质，在后期给麦穗鱼提供一个休息和排卵的地方，也可以有效防控鸟类等天敌。水生植物覆盖比例不要超过池塘面积的 30%。俗话说：鱼多少，看水草；养鱼先养草。

已有研究表明：水蕹菜（水空心菜）作为常见的可食用水培植物，

在菜鱼共生系统中大规模应用；且水蕹菜对麦穗鱼养殖系统水质的影响，能有效吸收麦穗鱼养殖水体中的无机氮盐，促进有害氮盐向可吸收利用氮盐转化，起到净化水质的作用。因此水生植物以栽植水蕹菜为主。采用水蕹菜浮床栽培有利于麦穗鱼、泥鳅等生长，具有生态高产的效果。传统池塘养殖每到入夏，鱼群排泄物都会带来水体富营养化的问题，在以往只能通过药物和换水处理，对水质和鱼苗生长有一定影响。而水蕹菜对氮肥需求量大，池塘富营养化环境正好为其提供了优越的生长条件，且水蕹菜生长旺季5—10月与鱼塘富营养化时间吻合，达到水蕹菜、鱼苗和水中微生物的合理循环。养鱼池塘菜鱼共生生态系统内物质循环，互惠互利（图5-5）。

图5-5 池塘浮床栽植水蕹菜，实行菜鱼共生

（二）菜鱼共生模式水蕹菜的栽培及管理

1. 浮床设计与制作

池塘菜鱼共生安装浮床，用于水蕹菜的栽植。采用PVC管做框架（或HDPE型聚丙乙烯塑料制成），通过弯头连接在一起，利用聚乙烯网片作为水蕹菜的载体，而框架的面积根据池塘大小来调节。将水蕹菜菜秧去叶，剪成12 cm左右且带有腋芽或顶芽的小段，取4～6株植入一个网孔中（网片直径为4 cm，以插入水蕹菜后能固定住为宜）。如果采用泡沫板浮床，则泡沫板厚度为2 cm，长1.2 m，宽0.8 m，定植穴间行距为18 cm×20 cm，定植穴直径2 cm；泡沫浮床能够使用3年。当然也可直接购买现成的浮床产品用于菜鱼共生的生产。

浮床框架设下网眼直径为0.5 cm的衬网，主要用于防止麦穗鱼与草食性鱼类套养情况下，草食性鱼摄食水蕹菜的根系。扦插完毕后放入围沟水面，并将生物浮床均匀、整齐排列，浮床面积占池塘面积约20%为宜。浮床排放时离池塘边的距离在1.5 m以上；排放成"L"形、"口"字形、"川"字形等。浮床可根据养殖池塘的条件，以移动、管理、制作、收割方便的原则，结合经济、标准、统一、实用、美观的要求，灵活而定（图5-6）。

图 5-6　池塘浮床栽植水蕹菜（浮床面积占池塘面积 15%～20%）

2. 池塘水蕹菜的栽培管理

水蕹菜育苗的方法、种茎的准备、栽植时间与方式、肥料管理、病虫害防控、采收、轮作和间作等，均与"第一节　水蕹菜栽培技术"相同。

三、池塘水蕹菜-麦穗鱼生态种养技术

（一）鱼苗的选择、消毒及放养

1. 鱼苗的选择

取产卵池原池育苗，选健康状况良好、身上的鳞片完整、没有病害、游动状态比较活泼的鱼苗进行养殖。在放养麦穗鱼苗前 20 天，使用生石灰对池塘进行消毒处理。或者麦穗鱼苗来源于周边湖泊、池塘，要求体质健壮、鳞片完整、无病无伤的鱼苗。

2. 鱼苗运输及消毒

（1）鱼苗的运输。鱼苗种来源以自繁自养为主，鱼苗运输距离以不超过 2 小时；就近运输放养为宜，远距离运输过程要遮阴、低温充氧。

（2）鱼苗的消毒及试水。投放前要进行试水缓苗处理，水温差不超过 2 ℃；否则容易引起应激反应。然后用 3%～5% 食盐水消毒 5 分钟，以杀灭寄生虫和致病菌。投放鱼种最好是在上风向，水较深的地方。

（3）鱼苗的放养。麦穗鱼放养主要有两种方式：一是放养麦穗鱼的鱼苗。一般放养"瓜子形"，体长 2～3 cm（养殖 1～2 个月）的鱼苗，有利于提高放养的成活率；每亩投放 1.5 万～2 万尾，10～15 kg。该模式主要是采取繁养分离、轮捕轮放的生产方式。二是放养麦穗鱼的亲本。选择体质好、无寄生虫、体表光滑，体长 6～10 cm 的麦穗鱼作为亲本（种鱼），每亩投放 15～20 kg。当小麦穗鱼长到平均体重 4～6 g/尾时，

即可与已繁殖产卵的亲本鱼一起捕捞上市，养殖期间适当少量补充外来亲本鱼种。该模式主要是取自繁自养、捕大留小的生产方式。

实际生产中，多采用与其他鱼类混养（套养）互利共生的生产模式。因为单独养殖，要求放养量较大；而鱼苗往往数量不足，故生产中套养的模式更多、效益也更好。这样麦穗鱼可以采取减少投饲成鱼的养殖方式，有利于节约成本，减少消耗。

（二）池塘套养（混养）麦穗鱼

成鱼养殖主要是池塘套养（混养）。可以在主养家鱼的池塘中套养，与草鱼套养效果更好。套养是有先后顺序的，在将大宗鱼苗投放完之后，便可选择优质的麦穗鱼种投放。由于麦穗鱼对饲料的要求不高，寻食能力强，能充分利用池塘中的残饲。套养量视鱼塘中生态条件而定，一般套养≥2 cm 规格麦穗鱼鱼种。具体养殖模式如下。

1. 水蕹菜-麦穗鱼＋草鱼＋鲢/鳙鱼模式

该模式主打产品是麦穗鱼、草鱼和鲢鱼。每亩池塘放养草鱼（约 200 g/尾）15 尾；同时套养约 50 g/尾的鲢鱼 60 尾和鳙鱼 40 尾，或 100 g/尾鲢鱼 40 尾和鳙鱼 30 尾，或 300 g/尾的鲢鱼 12 尾；每亩投放成年河蚌约 75 个；最后每亩池塘投放 2 cm 左右的麦穗鱼鱼苗约 20 000 尾（约 15 kg），或 3～4 cm 长的麦穗鱼鱼苗 10 000～15 000 尾/亩（约 10 kg），或Ⅰ冬龄性成熟的麦穗鱼约 5 kg，约 1 600 尾（相当于 3.5～4.5 g/尾）。充分利用池塘的空间。

2. 水蕹菜-麦穗鱼＋丁桂鱼＋草鱼模式

该模式主打产品有麦穗鱼、丁桂鱼以及草鱼。其中麦穗鱼为池塘生态系统中上中层鱼类，草鱼为中层鱼类，丁桂鱼为下层（底栖）鱼类，三种鱼互利共生。

放养方式如下：每亩池塘放养 2～4 cm 长（鱼龄≥30 天）麦穗鱼鱼苗，约 15 kg，或Ⅰ冬龄性成熟的麦穗鱼约 5 kg，约 1 600 尾。丁桂鱼以放入 4～5 cm 的夏花鱼种为主，每亩放养数量 1 000～1 500 尾。麦穗鱼、丁桂鱼均提早在早春时节（2 月底—3 月上旬）放入池塘。草鱼每亩池塘放养 100 g/尾左右的鱼种 40～50 尾；每亩投放成年河蚌约 75 个。放养时间在 3 月底至 4 月中旬。该模式养殖管理期间需适当投喂饵料，饵料可选择颗粒饵料或自配发酵饵料。

以上两种种养模式，生产实践中水蕹菜的栽植应采用"养殖草食性鱼鱼塘的浮床"。

3. 水蕹菜-麦穗鱼＋田螺＋鳖＋鲫鱼模式

该模式主打产品除水蕹菜外，还有一定数量中华鳖及少量合方鲫。麦穗鱼、田螺是池塘放养鳖的最佳动物饵料，其蛋白质占中华鳖动物饵料蛋白的80％以上；鳖生长期间基本上不需投饵或在养殖中后期适量补充投饵。

具体放养方式如下：麦穗鱼于3月中旬至4月上旬投放，放养规格2～3 cm长鱼苗，20～25 kg/亩；或投放Ⅰ冬龄性成熟的麦穗鱼约10 kg，约3 000尾。

田螺（中华圆田螺）每年投放3次，中间1次投放幼螺；前、后两次均以投放种螺为主。第1次，于4月初（清明节前）进行种螺（亲螺）投放，选择种螺个体大小适中（40～60只/kg），每亩投放100 kg；第2次（6月中旬）投放个体大小约3 g的幼螺120 kg；第3次（8月中旬至9月上旬）适当补充田螺种螺，数量约30 kg/亩。田螺一年产卵两次，每年4月开始繁殖，在产出仔螺的同时，雌、雄亲螺交配受精，8—9月同时又在母体内孕育次年要生产的仔螺。

5月中下旬投放200 g左右的中华鳖苗约180只，以土池培育的鳖苗为宜；或规格约400 g/只，每亩投放80～100只；雌雄分开放养。放养"秋片"合方鲫150尾。鲫鱼和鳖苗同一时间投放。中华鳖、鲫鱼生长过程基本不需投喂饵料；但为了缩短生长周期，视情况每天可适当投喂1次，每次投喂量以2小时吃完为宜。

由于鳖有四肢掘穴和攀登的特性，防逃设施的建设是水蕹菜-麦穗鱼＋鳖综合种养的重要环节。池塘四周按养鳖要求设置防逃设施，防逃墙可用廉价次品瓷砖修筑，下部埋入地下15 cm，露出地面高度为40 cm；进排水口必须用60目铁丝网或尼龙网作过滤和防逃用。根据种养需要，应在每块塘边筑1个用竹片和木板混合搭建的4～5 m²的平台（或多个小的平台），供投放饲料和鳖晒背用。

面积较大的池塘安装诱虫灯，灯光诱虫，既可增加天然饵料，又能减少害虫对水蕹菜的为害；6—9月，一般1盏灯每晚可诱虫1.5～3 kg。为防鸟啄食放养的鱼类和幼鳖，在池塘四围塘埂上拉2～3道间隔15～20 cm、高50 cm的反光彩条线。

该模式放养的鳖每只当年能增重0.20～0.25 kg，投放200 g重鳖苗的基本上可达到上市的规格。入冬后捕净中华鳖和鲫鱼；每批次均轮捕轮放。

4. 水蕹菜-麦穗鱼+鳜鱼模式

该模式要求种养池塘面积一般为 2~5 亩，水深 1.5~2.0 m，以长方形为主，水质清新，水底泥少或无（或养殖塘先行做好清淤），排灌增氧设备齐全。水蕹菜浮床栽培，占池塘面积约 20%。该模式主打产品除水蕹菜外，还有商品鳜鱼。通过放养密度的控制，鳜鱼生长期前期基本上不需投饵，只在后期适当补充活饵。麦穗鱼投放时间及投放量与水蕹菜-麦穗鱼+田螺+鳖+鲫鱼模式相同。鳜鱼的放养一般为 6 月，放养规格要求在 6~8 cm 为宜，其好处是放养成活率高和生长速度快；每亩放养量控制在 200 尾以内。套养的麦穗鱼作为池塘鳜鱼的动物饵料。该模式还可适当放养少量花白鲢以调节水质。鳜鱼生长期间开启增氧设备；6—9 月高温季节是摄食旺季，每周注排水一次，每次换水量约 0.4 m，保持池水透明度 40 cm 以上。另外，还可参照水蕹菜-黄鳝网箱种养模式，进行水蕹菜-鳜鱼网箱种养生产，但网箱安装时应考虑水流方向和水位深度，以及饵料鱼的投放等，同时，在网箱内控制鳜鱼的放养密度。

注意：以上几种模式，如果麦穗鱼采用"养繁一体、捕大留小"的生产方式，应该每隔 3~4 年清塘一次，重新放养麦穗鱼种苗，避免造成麦穗鱼产量低、规格小、种质退化、品质差等严重问题。

四、饵料的准备及放养后的管理

（一）饵料的准备

1. 麦穗鱼体长与食性

麦穗鱼食性十分广泛，为终年摄食的鱼类。在放养的早期阶段生长最快，生长率一般在春、夏季较高。麦穗鱼生长很大程度上受到鱼种放养密度、搭配放养品种、饲料丰欠等因素的影响。

幼鱼以轮虫为食；当麦穗鱼苗体长达到 1 cm 后，选择粗蛋白含量 40%、细度在 200 目以上的苗期开口粉料进行驯化投喂（如花鲢、白鲢粉料）。可以将粉料直接投到水面上，粉料一部分会漂浮在水面上，一部分缓慢下沉供麦穗鱼苗摄食，经过几天驯化可以将粉料加水或者加入乳酸菌揉成鸡蛋黄大小的料团，沿着鱼塘四周投喂。体长至 2.5 cm 左右改食枝角类、桡足类、摇蚊幼虫和其他鱼卵，并混有硅藻、绿藻。当麦穗鱼体长达到 2.5 cm 以上时，可以投喂粗蛋白含量 38%、粒径 0.3 mm 膨化破碎饲料，这时可以改成投料机投喂。体长 3.5 cm 以上的幼鱼和成鱼，能摄食水生昆虫幼体、附生藻类以及水生植物的嫩叶、嫩芽等。当麦穗鱼体长达到 4 cm 以上时，饲料可以更换成粗蛋白含量 36%、粒径 0.5 mm 的膨化破碎饲料进行投喂。根据不同阶段的生长特点来决定投食量，以满足其不同阶段生长发育的需求（图 5-7）。麦穗鱼全长 5 cm 以上时，已经到达上市规格，可以选择继续养殖或直接出售。

麦穗鱼生长速度快，从水花破膜到全长 4 cm 只需要 60～80 天的时间。麦穗鱼全长 6～8 cm 是最合理的上市时期，养殖户可以根据自己的养殖情况选择上市时间。

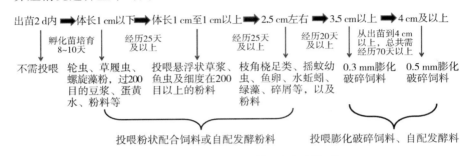

图 5-7　麦穗鱼的生长情况与饵料投喂

2. 饵料的准备

（1）培育鲜活虫饵料。自然饵料：麦穗鱼喜欢吃自然饵料，例如鱼虫（水蚤）、蚯蚓、红虫、蛆虫等荤饵，麦粒、谷物、碎玉米等素饵，其中尤以鱼虫、草履虫、蚯蚓、红虫等荤饵的效果最好。

保证养殖的鱼苗长势较好、节省养殖成本。建议在养殖区内适量的人工繁殖小虫。目前采取的方法主要是粪草育虫法，具体做法是：挖深 0.6 m、宽 1.0 m 的圆形土坑，将稻草或野杂草切成 6～7 cm 短节，与牛粪或充分发酵后的鸡粪混合后倒入坑内，浇一盆淘米水后上面盖上 5～10 cm 厚的污泥，约 15 天生虫，即可投饵喂养。

（2）水草、牧草等植物种植。在选择放养的池塘里种植一些水生植物，如水蕹菜、水浮莲、水花生等；必要时打捞多余的水生植物，将其打成草浆后，泼洒到池塘中，供麦穗鱼群自由采食，更有利于营养均衡吸收。

（3）精料准备。大面积套养（混养）养殖需要准备饲料。准备的精料，要求质优、量足，必须出自信誉好的厂家。或自配精料。

购买精料需注意 5 个方面的问题：一是查看标签；二是查看生产日期和保质期，不能购买过期饲料；三是检查饲料包装是否破损，包装破损的饲料易吸收水分变质霉烂；四是一次进料不能太多，以 10～20 天饲料量为好，过多则存放时间过久，易变质；五是不能随便更换饲料生产厂家，不同厂家的饲料配方和原料有差异。

养殖麦穗鱼以购买缓沉性具有腥味的小颗粒原生鳉鲅、麦穗鱼、鲫鱼等通用鱼饲料为主。

（二）放养后的管理

1. 麦穗鱼投喂管理

麦穗鱼的饲料投喂方法包括两种，一种是人工投喂，另一种是人工投喂与自然饵料相结合。如果是有经验的养殖户，可以在池塘中养殖藻类饲喂麦穗鱼。对于新手养殖户来说，还是建议大家选择搭配好的全价饲料，因为麦穗鱼刚投入池塘中需要一定的适应过程，这个时候它们的食性并不好，所以可以定时定量投喂，以避免饲料出现浪费和污染池塘，出现腐烂等问题。

投喂方法坚持四定四看原则（即定时、定点、定量、定质投饵；看鱼吃食情况，天气、水温以及水质情况），正常情况一般每日投喂 2 次，投喂量为塘内鱼体重的 5% 左右。投喂先少后多；其间，注意观察以在 1.5 小时吃完为宜。

此外，主养麦穗鱼情况下，幼苗时期应根据其食性，投喂分为两个阶段。第一是麦穗鱼刚下池塘时，其自食能力相对较差，所以前期少投喂，每天傍晚投喂 1 次饵料。第一阶段，喂食草浆、豆浆、水花料等，保持水体的肥度即可；饵料投放要慢慢增加，投喂时要定期观察鱼群每天进食次数和数量，每次投放饵料后要观察进食次数和数量，吃不完的饵料要及时打捞出池塘，避免水质污染。第二阶段，经 20 天以上培育后，鱼苗长至 1 cm 时，投喂自制饵料（饵料配方国产鱼粉 38%、菜粕 21%、玉米粉 12%、小麦粉 29%，益生菌发酵）；特别是套养情况下需要投喂。也可自行培养小型生物饵料鱼虫（水蚤）投喂。

麦穗鱼体长的增长以 I 龄为最快，所以应加强前期的投喂管理工作。投喂方法坚持四定四看原则，正常情况一般每日投喂 2 次，投喂量为塘内鱼体重的 5% 左右。

（1）投喂。麦穗鱼属杂食性鱼类，饵料投放要慢慢增加，每次投放饵料后要观察进食次数和数量。

鱼苗长至 1 cm 或以上长度时，投喂自制饵料，或以购买缓沉性具有腥味的小颗粒饲料，或者人工培育鱼虫喂鱼。

（2）小型生物饵料鱼虫的培养和使用。

1）鱼虫的特点：鱼虫也叫水蚤，体长 1～3 mm，主要构成是枝角类、桡足类的浮游动物，经常在水中作跳跃式运动，很像跳蚤，所以人们叫它水蚤；是麦穗鱼小型动物饵料。鱼虫体内含有大量的蛋白质，一般为本身干中的 40%～60%，同时还含有鱼所必需的氨基酸、维生素、碳水化合物和脂肪。麦穗鱼摄食鱼虫有利于增加肥满度，体色艳丽，增加观赏价值，同时鱼虫容易被消化，有利于提高麦穗鱼的生长速度和成活率，增强抵抗高温、低氧等不良环境的能力。

2）鱼虫的获得：鱼虫一般生活在水流较缓慢、肥沃的水中，在河流、湖泊或池塘中都有存在，常常群集在一起做平稳、缓慢等跳跃状运动。当水温升高时鱼虫群集于水的表层，当水温降低时栖息于水底层。每年的春末秋初，是鱼虫大量繁殖季节，鱼虫浮游于水面，常使水面呈棕红色，易发现。南方地区春秋两季更易采得。采集鱼虫可用袋形浮游生物捞网连续捞取，然后洗净，直接投喂或进行储存培育。由于鱼虫生命力强，捕捞后如果把它们的密度稀释，可以养 1～2 天留待以后使用。

3）鱼虫的培养：培养时在水体中加入用青草、人畜粪堆积发酵的腐熟肥料，按每亩水面 100～400 kg 的量施肥，使单细胞藻类大量繁殖，然后投鱼虫成虫作培养种源。培养过程中，培养液肥度降低时，可用豆浆、淘米水、鸡粪、尿肥等进行追肥。也可以用土池或水泥池大规模培养，面积大小不限，但必须不漏水，池子的深度要 1 m 左右，注水 80 cm。鱼虫培养池，不能经常进水排水，要保持水位稳定，水体呈静止状态为好。虫鱼培养期间注意及时清除池壁上的青苔。

鱼虫在水温 14～29 ℃、pH 值 7.5 左右时都可以培养。当温度为 18～25 ℃、肥力适宜时，2～4 天就能繁殖出鱼虫。捞取部分鱼虫后应及时补充新水，留有一定量的鱼虫作繁殖用，同时再施追肥一次，继续培养。

2. 水体管理

（1）调节水位。鱼苗前期保持较低水位，这样可以提高池水单位水体的饵料生物密度和池水的积温，有利于下塘鱼苗捕食生长。鱼苗前期保持较低水位，一般 50～80 cm，随着鱼体的生长和水温的上升，不断加深水位，一般每周注水 1 次，每次 20 cm 左右。夏季水位保持在 1.5 m 左右。

（2）调节水质。适时调节水质，注意巡塘，发现问题，采取措施，及时处理。如果养殖密度较高、经常投饵或水质受到污染，池水容易变肥变浊，可通过合理注水与施肥来改善水质，必要时采取不间断的循环微流水，一般每5天左右换水1次，每次换水量为池水的1/5，10～15天施放微生物制剂1次，使池水既有丰富的饵料生物，又要充足的溶解氧。

有研究证明：菜鱼共生循环种养模式，结合EM菌的运用，能维持菜鱼共生系统的生态平衡、增强系统中养殖鱼类的免疫力、控制系统循环水水质变化。在种植方面，通过添加EM菌增加作物产量、防治作物病虫害发生，并利用EM菌加快有机液肥的分解，为作物补充营养元素。

（3）池塘养殖底质的改造。套养情况下，投喂饲料养殖麦穗鱼的池塘，会有一部分以残饵粪便形式沉积到塘底。这些残饵粪便长时间得不到处理，会造成底质恶化，引起水体氨氮、亚硝酸盐、硫化氢超标，对麦穗鱼造成危害。麦穗鱼养殖过程中每20天用过硫酸氢钾进行改底，过硫酸氢钾用量为250 g/亩。12小时后用益生菌进一步改良底质。高温季节可以缩短用药时间。

3. 麦穗鱼越夏和越冬

（1）麦穗鱼的越夏。夏季温度高，水分蒸发速度快，养殖麦穗鱼时，需要在池塘栽种水蕹菜，为麦穗鱼遮阴；并且在池塘里安装增氧机，使水中的氧气得到提高。夏季高温时期，一般每5天左右换水1次，每次换水量为池水的1/5；池塘水体透明度保持在20～25 cm。必要时养殖池塘采取不间断的循环微流水。

（2）麦穗鱼的越冬。冬季气温较低的地方在结冰前10天用过硫酸氢钾改底杀灭塘底耗氧菌，再用氨基酸肥水产品加益生菌进行水质调节。如果池塘结冰，应保持透明，一旦降雪，需要及时清扫，清理面积不能小于越冬池面积的35%。冬季水体溶解氧来源于浮游植物的光合作用，透明冰面透光率高，可促进浮游植物光合作用。越冬期管理要定期测水体溶解氧，一旦水瘦、溶解氧低，需要补施氨基酸类肥或开动增氧机增氧，氨基酸类肥的用量为1 kg/亩。春季越冬池冰面融化完以后，建议连续两次全池泼洒过硫酸氢钾，用来改善底质。

4. 麦穗鱼常见鱼病的防治方法

坚持"预防为主、防治结合"的方针。培育早期主要有剑水蚤和蝌蚪等敌害生物，用0.3～0.5 mg/L晶体敌百虫进行杀灭，并及时捞出水中的蝌蚪。为防止细菌性疾病的发生，定期用强氯精、二氧化氯、菌虫双杀等药物全池泼洒，严格按NY/T 755—2013《绿色食品　渔药使用准则》规定操作，不使用违禁药物。同时，对外源性饵料进行药物消毒，不投喂腐烂变质的饲料。严禁使用违禁药物防治鱼病，渔药使用按 NY 5071 的规定执行。麦穗鱼常见鱼病的防治方法参见表 5-1。

表 5-1　　　　　　　　　　麦穗鱼常见鱼病的防治方法

病名	主要症状	防治方法
水霉病	病鱼体表或者鱼卵表面肉眼可见灰白色棉絮状物（白毛），镜检，可观察到水霉病及孢子囊。鱼体游动失常，食欲减退，甚至死亡。	(1) 谨慎操作，防止鱼体受伤。 (2) 用 0.2～0.3 g/m³ 硫醚沙星全池泼洒，每天一次，连用两天。
细菌性烂鳃病	病鱼体暗，鳃丝末端腐烂、充血。严重时鳃丝被侵蚀成柱状，鳃盖骨内外层同时被腐蚀，俗称"开天窗"。病鱼独自在池边或浮于水面慢慢游动，反应迟钝，呼吸困难，病情严重时，离群独游水面，不吃食，对外界刺激失去反应。	(1) 做好水质管理，用生石灰调控水质。 (2) 发病时，用漂白粉 1 mg/L 或者其他消毒剂全池泼洒，间隔 1 天后再用药一次。
细菌性败血症	疾病早期及急性感染时，病鱼的上下颌、口腔、鳃盖、眼睛、鳍基及鱼体两侧轻度充血，肠内尚有少量食物。严重时鱼体表严重充血，眼眶周围也充血，眼球突出，肛门红肿，腹部膨大，肌肉充血，肠内没有食物。	(1) 苗种放养前做好池塘清淤和清塘消毒。 (2) 第 1 天用漂白粉 1 mg/L 或者其他消毒剂全池泼洒，间隔 1 天后再用药一次。 (3) 使用水产用氟苯尼考 100 g 拌饲料 20 kg，每天投喂一次，连续投喂 3～5 天。
车轮虫病	病鱼体色暗黑，鳃黏液增多，消瘦，群游于池边或水面。镜检可见大量车轮虫，虫体侧面像碟形或毡帽形，反口为圆盘形，内部有多个齿体嵌接成齿轮状结构的齿环。	用硫酸铜·硫酸亚铁 5：2 合剂 0.7 mg/L 全池泼洒。
锚头鳋病	病鱼通常呈烦躁不安、食欲减退、行动迟缓、身体瘦弱等常规病态。锚头鳋头部插入鱼体肌肉、鳞下，身体大部露在鱼体外部且肉眼可见，犹如在鱼体上插入小针，故称之为"针虫病"。	用晶体敌百虫 0.5 mg/L，对水后全池泼洒。

5. 成鱼收获

多为一年放养两批。早春放养的，于 6 月底左右当麦穗鱼生长到平均体重≥4 g/尾时（或长度≥5 cm）捕捞上市；将诱饵剂等食物放入地笼网中诱捕，捕大留小。7 月上中旬放养的，在 12 月，排干塘水将鱼全部捕捞上市。池塘养殖主要采取轮捕轮放的生产方式。

五、麦穗鱼的人工繁殖

麦穗鱼主要有自然繁殖和人工繁殖两种方式，其中家庭或小规模饲养麦穗鱼可自然繁殖，而规模化养殖则建议采用人工繁殖。

亲鱼来源可从江河、水库、湖泊等水体捞取，或者自繁自养留种。亲本选择要求：体长>5 cm，体重>3 g，Ⅱ龄以上健壮个体。要求规格一致，大小均匀。其鱼苗来源于养殖池塘周边的湖泊、池塘中天然捕获。按雌雄比 1∶1 移入亲鱼池中培育。每亩放养密度控制在 2 000 尾/亩左右（雌雄各半），质量约 7 kg。

据测算和有关试验，每尾麦穗鱼可产卵 300 粒以上，剔除未受精卵和鱼苗死亡，每亩池塘放养麦穗鱼雌鱼 1 000 尾，可保障每亩池塘能养殖 12 万尾以上夏花鱼种。

1. 放养时间

一般在 2 月中放养完毕，选择晴天，水温 4 ℃以上放养。

掌握放养时机：一般自冬至到翌年立春（12 月下旬到翌年 2 月上旬）是淡水养鱼放养鱼种的最佳时机。这是因为冬季水温低，鱼的活动力弱，鳞片紧密，在捕捞、运输、放养等操作过程中，鱼体不易发生机械创伤，尤其是可以减少赤皮病和水霉病的感染率，在这段时间里，鱼类的新陈代谢减缓，不易发生缺氧浮头现象。冬季放养鱼种，实质上是提早放养，可以让鱼种对新的生活环境有较长的适应时间，即延长了生长期。鲤科鱼类在水温超过 10 ℃时就开始摄食生长，从而能充分利用水体的天然饵料，及时弥补越冬期间的能量消耗，恢复旺食期前的正常体质。

2. 亲鱼的培育

亲鱼消毒：亲鱼下塘前，用 2%～4% 的食盐溶液或浓度为 20 mg/L 的高锰酸钾浸浴 5～10 分钟，商品消毒药物按药物使用说明书的要求进行，具体浸浴时间视水温和鱼的活动状况而定。

每年可从成鱼中选留一部分作亲鱼。亲鱼池面积 333～667 m²，水深 1.0～1.5 m；进排水方便，并根据面积大小配备好增氧机，保证有微流水或可冲注新水。每亩放养约 2 000 尾，配养 150～200 g/尾，白鲢30～50 尾调节水质。10～15 天施放微生物制剂一次，使池水既有丰富的饵料生物，又有充足的溶氧。可投喂鲫鱼的微颗粒饲料（颗粒一定要小），日投饲率为 3%～5%。注意饲料充足、注水换水、水质清新，成熟率可达 80%～90%。产后亲鱼作商品出售。一般情况下一年只产一次卵，但若环境、食物等各方面因素都良好时一年亦可产两次卵，产卵期多为4—6 月。

3. 催产

以自然催产、自然产卵为主。可以利用小池塘或水泥池作亲鱼产卵池。水泥池面积 30～100 m²，水深 0.4～0.5 m，直接在池底用旧纱网、棕榈皮、麻袋、PVC 管（悬挂于产卵池中）等作产卵巢。要求水质清新，排灌方便，每亩用 75～100 kg 生石灰化水全池泼洒消毒。催产药物为鱼用促排卵素 2 号，剂量为每尾雌鱼 1.5～2 μg、雄鱼 1～1.5 μg，当发现雄鱼开始追逐雌鱼时，即可进行人工授精。

4. 人工授精

在注射药物 12 天后，将麦穗鱼鱼苗捕出，采用挤腹法采卵，剖腹破碎法采精，半干法授精，然后加入曝气的水，用羽毛轻轻搅拌 2～3 分钟，静止 25～30 秒，吸出多余的精巢组织及其他污物，将受精卵放入孵化池进行流水孵化。

5. 孵化

麦穗鱼养殖孵化池为半径 3～3.5 m 的圆形水泥池，事先经高锰酸钾消毒，围池底铺一圈纳米微孔管道增氧设备，水深 50～60 cm，孵化用水为经 100～150 目纱绢过滤的生态净化池水。将卵粒移入后流水孵化，温度为 20～25 ℃（麦穗鱼卵孵化时间因水温不同而不同，例如水温 15～20 ℃时 5～7 天孵化成小鱼，而水温 20～25 ℃时则只需 2～3 天可孵化成小鱼），池水溶氧不低于 6 mg/L，每天换水 1/2，定期使用药物消毒。研究表明：孵化池微流水遮光孵化的孵化率高，孵化效果最好。

6. 苗种培育

苗种培育可用水泥池或土池。一般采取肥水下池（塘），与培育"四大家鱼"苗种要求一样。麦穗鱼采取产卵原池育苗，亲鱼产卵后，在池塘四角每亩按堆放 200～250 kg "大草"或其他有机肥培育轮虫（体长100～500 μm），池水透明度保持在 20～25 cm。以后每隔 3～5 天追施粪肥或"大草"。

产在鱼巢的卵需要 3～4 天孵化出苗，麦穗鱼苗出膜后的 2～3 天，依靠吸收自身的卵黄为营养；以后则需要投喂一些开口饵料。可以选择用 200 目筛绢过滤的蛋黄水进行投喂，还可以选择发酵饲料、破壁酵母粉、螺旋藻粉、速冻轮虫等开口饵料进行投喂。将开口饵料加水稀释沿池塘岸边全池泼洒，每天早晚各喂一次，连续投喂 3 天。因麦穗鱼孵化出苗时间不一致，建议从发现麦穗鱼水花后连续投喂 7～10 天的开口饵料。

麦穗鱼孵化出苗阶段，在岸边浅水处每隔 10 天施一次发酵好的粪肥，每亩用量 10 kg，用来培养浮游生物供麦穗鱼摄食。25 天后体长达 1 cm 左右时分养。该鱼的幼鱼具有典型的集群行为，且随着群体增大，群体游泳速度同步性和极性的下降则说明该鱼协调性随群体增大而下降。因此应注意搞好早期的投饵驯养工作。经过 30～40 天的培育，鱼苗长成 2 cm 左右的夏花鱼种，即可出池转入成鱼阶段养殖。

麦穗鱼仔鱼培育：为了给麦穗鱼仔鱼培育出合适的开口饵料草履虫，可找来一些稻草，用清水洗干净后，剪成 5～10 mm 长的碎条，然后放入事先准备好并经 24 小时曝气的自来水中，煮沸 5 分钟后，冷却后将浸出液倒入一大盆中，控制水温在 22～28 ℃，在阳光下照晒，经一周左右，就可在水中看见云雾状，这就是草履虫群体（草履虫形状似草鞋因此得名，体长在 100～300 μm），每天取出 1/3 左右，同时适当加些新水和稻草煮沸后的浸出液，这样就有充足的生物饵料供初孵仔鱼。如果想让仔鱼长得快，还可在草履虫的培养液中添加豆浆、奶粉、维生素。

7. 草浆养鱼创效益

近年来，一些养殖户为了节约养殖成本，增加养鱼效益，利用高速粉碎机将一些高等水生植物及无毒草类如水蕹菜、水花生、水葫芦、水浮莲、伊乐藻、轮叶黑藻、苦草等水生植物为主粉碎加工成草浆喂鱼，取得了较好的经济效益。利用草浆养鱼，只要 120～180 kg 水草就可以培育 1 万尾小鱼苗，大约 10 kg 草浆相当于 1 kg 黄豆的饲养效果。在以鲢、鳙鱼和麦穗鱼为主的养殖生产中，大部分的精饲料都可用草浆代替，饲养效果同样好。现将草浆养鱼的方法介绍如下：

(1) 草浆原料。选用水蕹菜、水花生、水葫芦、水浮莲等繁殖快，产量高的高等水生植物。池塘菜鱼共生水生植物按 20% 的栽培面积换算，其中水蕹菜每公顷产量可达 67 t，水花生每公顷产量可达 45～60 t，水浮莲、水葫芦每公顷产量高达 150 t。因此，一般多用这些水草作为打草浆的原料，亦可用紫花苜蓿、白三叶、黑麦草、苎麻嫩茎叶、构树叶、红薯茎叶等打制草浆。

（2）制作方法。采用高速打浆机（4 500～5 000 转/分），将原料投入打浆机内加水（水为草重的 40%）打成很细的颗粒，形成浆液。然后向打成的草浆中添加食盐（食盐占草浆重的 0.2%）。水花生中含有一种有毒成分叫"皂苷"，所以鱼不能直接吃水花生，加少量食盐后，可使草浆中皂苷的含量由 3.8% 下降至 1.8%，即可喂鱼。

（3）投喂。草浆投喂量要根据池鱼的种类、数量以及水质变化等情况灵活掌握，用草浆养殖成鱼，每天每亩水面投喂 50～70 kg 为宜，为了让鱼充分摄食，投喂时应全塘均匀泼洒，每天上午 8：00—9：00、下午 2：00—3：00 各喂 1 次，以增加鱼类摄食机会，提高利用率。用于培育苗种的，在鱼苗下塘前，每亩水面用 100～150 kg 草浆作基肥，以培育水中饵料生物；鱼苗下池后，每天每亩水面投喂 50～100 kg，或按每 1 000 尾鱼苗投喂 120～150 kg，每隔 2～3 天投喂 1 次，饲养 15～20 天即可出塘。

（4）草浆喂鱼要得法。①草浆制造法：应用高速打浆机（4 500～5 000转/分）打浆，先将质料投入打浆机内，然后加水（水为草重的 40%），尽量将草浆打得细些，以延长草浆在水中的悬浮时间，增强鱼类摄食的机会，避免草浆在水中过量堆积，松弛水质。各种水草加工前均用清水洗净，用漂白粉液浸泡消毒。水花生含皂苷毒素，所以须在草浆中添加 2%～5% 的食盐清除其毒性，而且加盐两小时后方可投喂，最好放置一昼夜。②投喂要领：草浆的叶肉在水中呈悬浮状况，几小时后徐徐下沉，因此投喂时应少量多次和全塘满洒。每亩水面每天投喂 30～50 kg。在鱼苗鱼种饲养后期和混有草食性鱼类的鱼塘中，适当加入精饲料与草浆混合应用，饲养效果会更好。③调治水质：投喂草浆后，要调节水质，常常要加注新水，增添水中含氧量和水体空间，为鱼类发展创造良好的环境。饲养期间适当泼洒生石灰热浆，可消毒杀菌防病，还可以中和草浆分解产生的酸性物质，有益于浮游生物的生长，以充分发挥其饲料功效。商品鱼塘 3～4 天、鱼种塘 5～8 天、成鱼塘 10～15 天加注一次新水，增高塘水 10～20 cm。同时要捞出水面绿膜、杂草，保持水质干净。

（5）加强管理。投喂草浆易造成塘水污染，必须经常加注新水，调节水质，增加水中含氧量和水体空间。饲养期间适当泼洒生石灰热浆以杀菌消毒防病，又可中和草浆分解产生的酸性物质，有利于细菌絮凝物的形成和浮游生物的生长，提高鱼类产量。池水透明度保持在 20～25 cm。必要时采取不间断的循环微流水，一般每 5 天左右换水一次，换水量为池水的 1/5，10～15 天施放微生物制剂一次，使塘水既有丰富的饵料生物，又有充足的溶氧。

第六章 其他水生蔬菜综合种养生产技术

本章重点介绍菱角、莼菜、荸荠、慈姑、芡实、水芋六种水生蔬菜作物综合种养技术。这几种作物在我国的栽培生产面积相对较小，是一些地方的特色蔬菜。

因地制宜地推行种养结合的生态循环农业生产，应根据不同水生蔬菜的生长特性，建立水生蔬菜与鱼类、两栖类、禽鸭类互利共生关系，把生态养殖与优质水生蔬菜生产科学结合在一起。利用水生蔬菜田的浅水环境与阴湿空间，辅以人工措施，种养结合，使水生蔬菜田间的水资源、杂草资源、水生与湿生小动物资源以及其他物质和能源资源更加充分地被鱼类等放养动物循环利用，并利用鱼类等的田间活动，达到为水生蔬菜田除草、灭虫、中耕和增肥的目的，获得菜鱼双丰收的理想效果。水生蔬菜渔综合种养可为区域性特色循环农业的发展提供示范样板。

第一节 菱角-渔综合种养技术

一、菱角简介

1. 菱角的分布及栽培地区

菱属于菱科菱属一年生草本水生植物，菱角原产于中国南方，分布广泛。菱角是一种适应性强、应用历史悠久的水生蔬菜植物。目前，世界范围内菱角栽培地区包括中国、印度、巴基斯坦、斯里兰卡、印度尼西亚、马来西亚、泰国等国及非洲等地区，主要集中在中国长江中下游流域和印度北部。我国主要栽培地区有江苏、浙江、湖北、湖南、江西、广东及台湾等地。

2. 对环境条件要求及植物学特性

菱角喜温暖、湿润、阳光充足的环境，喜泥深、肥沃的土壤，水深 1～2 m 适宜生长，以静止或缓慢流动水体为宜。如池塘、沼泽地。气候不宜过冷，最佳在 25～36 ℃。生长季节主要在夏秋季，我国主要在 4—10 月。种菱的地区，一般要有 6 个月以上的无霜期。

菱浮生在水上，表面深亮绿色，光滑无毛，背面为绿色或紫红色；花小，为白色，雌雄同花，有 4 枚花瓣；果实为弯牛角形，果壳坚硬，幼时紫红色，老熟时为紫黑色；种子白色，呈元宝形。因为果实形状与牛角相似，古代的两角是菱，所以被称为"菱角"。菱一般通过种子繁殖。从种子发芽到第一批菱角成熟，约需 5 个月，菱角的花期为 6—10 月，果期为 8—11 月，结果期持续 1～2 个月。菱从发芽到开花结果，长江中下游一带大致分为萌芽生长、菱盘形成、开花结果三个时期。

3. 菱角栽培品种

生产栽培中，通常根据菱角果角数和颜色等划分为不同的品种类型，菱角品种繁多，以色论，有青菱、白菱、红菱、紫菱、元宝菱；以角分，有四角菱、三角菱、两角菱。我国菱角品种划分的主要依据是果角数，其次为果实颜色，有时还考虑到果实形状和熟性等性状。我国栽培的菱角品种中，四角菱品种有邵伯菱、馄饨菱、小白菱、大青菱、沙角菱、水红菱、金花早青菱、金菱 1 号等；二角菱品种有红绣鞋、两角早红菱、扒菱、蝙蝠菱、广州红菱（五月菱）、六月菱、广州大头菱（七月菱）、大老乌菱等；无角菱主要为南湖菱。

4. 营养及药用价值

菱角营养丰富，含有淀粉、蛋白质、葡萄糖、脂肪，以及多种维生素、氨基酸和矿物质，如钙、磷、铁等元素。菱角是高碳水化合物（约占 34.6%）、低脂肪（仅占 0.2%）食品，其营养价值可与坚果媲美，被视为秋季进补的药膳佳品。菱角具有止消渴、解酒毒、利尿、通乳等功效。菱角含有丰富的蛋白质、维生素和矿物质，可解积暑烦热，生津健脾，和气益胃。菱角用途广泛，具有巨大的开发潜力，果实生食可代替水果，熟食可作菜肴和副食，加工可制成菱粉，用作糕点、冰淇淋、罐头、饮料和烹调的原料。

二、菱角的栽培技术

1. 种植方式

菱的池塘种植分直播和育苗定植两种方式。水深 1.5 m 以下的较浅水面，播种后较易出苗，可以直播。研究表明，菱角种子经 4 ℃低温贮藏 2 周，发芽率明显提高。水深 2～4 m 的水面，一般直播出苗困难，即使出苗，也较迟缓，瘦弱纤细，产量较低，可以采用育苗定植。若准备提早种植或菱种不足时，采用大棚育苗定植。大棚育苗1月中旬至2月上旬播种，每亩苗床用种量400~450 kg，均匀撒播；大棚苗露地栽培移栽适期为4月上旬，菱盘直径5~8 cm时，选择晴暖无大风天移栽。

2. 栽培方法

（1）露地栽培。菱角种植前1个月，完成对田塘消毒和基肥的施入工作。对于常规露地浅水栽培（露地播种育苗移栽或直播）而言，一般移栽行距和穴距皆为2.0~2.5 m，每穴4~5株，即每亩种植700~800株；有的移栽行距和穴距皆为1.5~2.0 m，每穴3株，即每亩种植500~800株。对于深水栽培而言，行距2.5~3.0 m，穴距2.0~2.5 m，每穴8~10株，即每亩种植800~1 200株。

（2）池塘栽培。池塘种菱，一般选择红菱等品种。播种前须将池塘水草、青苔等野生植物清除并消毒，在清明前后播种。菱角一般于4月上旬开始播种。种菱前每亩应施3 000 kg左右的腐熟有机肥作基肥。撒播菱种，播种量比单作菱减少1/4。播种前将种菱装在竹篓中，沉入浅水池中发芽。待芽长1.0~1.5 cm时，即实行条播，行距2 m，株行两端插上竹竿作为标记，1人撑船，1人播种。每亩播种量20~25 kg，1 000~1 200株。采用均匀撒播方式播种。

3. 田间管理

（1）肥水管理。菱株初发期，叶面喷施1%~2%的磷钾肥，每10天喷施1次，共2~3次。以后追肥以发酵后粪肥为主，视水质肥瘦掌握施肥量，水瘦多施，水肥少施或不施，池水透明度保持在25~30 cm。栽后保持30~40 cm深的水位；以后随着茎蔓的伸长，逐渐加深水位，最深以1.5 m为宜。

（2）病虫害防控。农药的使用，严格按照GB/T8321（所有部分）要求，并做到交替轮换使用，确保菱产品质量安全。对菱的虫害防治要禁用对鱼类有毒害的农药。菱的主要病虫害有萤叶蝉、紫叶蝉、白绢病、褐斑病。其中萤叶蝉是危害菱叶的主要害虫，发生普遍，危害性大。防治萤叶蝉、紫叶蝉，在发生初期用90%晶体敌百虫1 000倍液或25%杀虫双500~600倍液防治，隔5~7天1次，连续防治2次，交替施药，喷匀喷足。敌百虫对萤叶蝉防效较好，而且对菱塘中的鱼相对安全，其他药剂特别是菊酯类农药对鱼毒性大，切忌在养鱼的菱塘使用。防治白绢病、褐斑病，在发病初期用70%甲基托布津500~600倍液或多菌灵

500～600 倍液喷雾防治，间隔 7～10 天再用药 1 次。

4. 采收及贮存

（1）及时采收。菱角充分成熟时采收，形态特征为果皮充分硬化、果实与果柄连接处出现环形细裂纹，易摘下，尖角毕露，放水中下沉。初收期 10 天采收 1 次，盛收期 2～3 天采收 1 次，后期 6～8 天采收 1 次，共采收 10～12 次。红菱一般在 10 月开始采摘菱角，每 7 天左右摘 1 次。10 月下旬在采摘菱的同时，应根据次年种植计划，选择果实大、老熟的菱留种。

（2）贮存。菱角贮存的方法有 2 种。①吊贮：将充分成熟的菱果清洗干净，装入柳条篓或竹篓中，每篓 50～60 kg，加盖，用塑料绳扎好缚牢，吊挂建立于活水中的竹架或铁架上，上距水面 30 cm 以上，下不着泥底，以免受冻腐烂。若水位涨落较大，应及时调整吊索，使菱果始终浸入在洁净的活水中。一般可以秋季贮存到次年春季，直到水温上升到 14 ℃为止。②库存：大果菱角不宜采用吊贮，应采用库贮，即用竹、木、钢材在活水河中非船航运段，于水中建造平台或库架，然后将篓装的菱角放在其上，形成水中仓库。

三、菱角-渔种养模式

菱角单一品种的种养模式使生态系统食物链过于简单，叶片高密度覆盖使水体缺氧，易引起病虫害及水体富营养化，综合种养生产实践中最好采用多种鱼类套养的模式。每亩菱鱼种养池塘的效益一般比常规养殖增加 1 000 元以上。

菱角种植水面进行种养结合，如果以养殖鱼类为主，池塘水面要间隔一定距离，即菱角宜设置拦隔或用竹竿扎成方框，浮于水面，以阻拦菱盘及杂草入框内，保持总种养面积 25% 以上的空白水面，以供鱼类呼吸换气和见光之用；不能让菱盘长满水面，否则鱼类易窒息死亡。如果以种植菱角为主时，则保持空置水面不低于总面积的 15%，同时降低鱼类的放养密度。

菱角-渔综合种养，共生鱼类品种首选非草食性的泥鳅、鲫鱼、丁桂鱼、黄鳝、乌鳢等耐低氧的中下层鱼类。有研究表明，底栖鱼类扰动会导致沉积物中氮、磷等营养物质的释放，有助于促进夏季菱角植株的生长。当然，菱渔综合种养水体中不能有过多的草食性鱼类。鱼苗放养时间一般选择在 5 月中下旬，因为此时菱角已经根系发达、植株旺盛，水产苗种的投放不会对其生长产生较大影响；菱角生长的同时也为鱼类营造了良好的生长环境和丰富的饵料资源。苗种放养量视水深、水质、是否进行投饵和管理条件等而定。

（一）菱角-鲢/鳙/鲫鱼共生模式

栽种菱角的池塘待到初夏菱苗出水，在水面形成主茎菱盘和少数分枝菱盘时，才可向水中放养鱼苗。单位水面放养量，要比莲藕-渔综合种养放养量减少 1/3，以放养鲢、鳙、鲫等基本不食草的鱼种和肉食性鱼种为主，不宜放养草鱼、鲂鱼、鲤鱼等食草鱼类，因草鱼、鲂鱼会吃菱叶、根茎，鲤鱼在吃根茎的同时还有拱泥习性，以免啃食菱苗，不利于菱的生长。除草鱼、鲤鱼外，鲢、鳙、鲫等鱼均可放养，每亩放养鱼种 15～20 kg、400 尾左右，其搭配比例是鲢鱼 50%、鳙鱼 15%、鲫鱼 15%、鲴鱼和黄颡鱼各 10%。或每亩投放体长 10～13 cm 的鱼苗 250～300 尾。鱼种放养前用 4% 的食盐水浸洗 5 分钟消毒。适当投喂商品饵料，满足鱼的摄食要求，具体方法按常规养殖操作。坚持经常巡塘，注意观察鱼的生活动态，并做好防泛塘、防病、防敌害等工作。

（二）菱角-鳜鱼共生模式

此模式最好是能够选择在常有自然流水的池塘中进行生产，保证有充足的氧源，使池塘水体时常充分流动和交换，能提升净化效果。或者至少需在池塘中安装微孔增氧机设备。

清明后，池塘注水 50 cm，开始移栽菱角和莲藕，菱角占池塘净化区面积的约 30%。每亩投放规格为 6 cm/尾的鳜鱼种，1 500 尾；鱼种要求规格整齐、活跃、健壮。放养前用 4% 食盐水浸浴 5～10 分钟带水放入水塘。每塘同时放养花白鲢 25 kg，规格 500 g/尾，花鲢、白鲢比例 1:3。

鳜鱼下塘前每亩池塘一次放入 3 cm 鲫鱼苗 100 kg 供鳜鱼捕食，之后 7～10 天补充 1 次饵料鱼，用食盐水浸浴消毒后下塘，以捕捞、收购的鲜活鲫鱼、鲮鱼为主，保持鳜鱼与饵料鱼数量比 1:（5～10），饵料鱼太少会影响鳜鱼生长，饵料鱼体长不超过鳜鱼体长的 50%。

养殖期间每半月往池塘加水 1 次，每次补水 20 cm，直至加到最高水位，养殖期间做好鳜鱼病害预防工作，在鱼病高发季节，每半月使用碘制剂杀灭水体致病菌，消毒时须关闭推水装置，开启底增氧。整个养殖期间鳜鱼未发生严重病害。

与上述菱角-鳜鱼模式相似的还有菱角-乌鳢模式。每亩可套养乌鳢约 200 尾，每尾个体大小约为 80 g；可搭配放养少量规格为 200 g 左右的花白鲢鱼种。菱角-鱼种养结合模式中，菱盘开展期于鱼塘内扎菱栅，控制鱼塘菱盘覆盖面积在50%水面。花白鲢鱼早于乌鳢投放，投放时间在4月下旬至5月初；乌鳢鱼苗于6月上旬投放，菱鱼共生期5个月。乌鳢养殖期间定期投喂饵料。乌鳢的饵料有活饵料和配合颗粒饲料两类。作为活饵料投喂的有罗非鱼幼鱼、小杂鱼、小虾、蚯蚓等，活饵料的大小依乌鳢的大小而定。日投喂量一般为鱼体重的4%～8%。投喂配合饲料要经过幼鱼驯养阶段，定时、定点、定量地投喂，可参照鲤鱼、罗非鱼等的人工配合饲料的驯养做法；颗粒饵料要求粗蛋白在40%以上，投喂的颗粒粒径须与乌鳢的口径一致，并每隔一个阶段调整一次饵料粒径。高温季节每7～10天换水一次，每次20～30 cm，水质异常加大换水量，始终保持池水透明度25～30 cm，定期使用EM菌，维持池塘微生态平衡。此外，乌鳢还可与罗非鱼混养，罗非鱼主要供乌鳢食用。菱-鱼组合有利于水生蔬菜的生长和营养品质的同时改善，从而达到菜鱼共生、两者双赢的效果。

（三）菱角-泥鳅共生模式

1. 菱播种与泥鳅苗投放

为提高经济效益，采用菱促早栽培，1月下旬至2月上旬大棚播种菱苗。3月中旬大棚内主茎菱盘形成即可移栽。每亩需菱苗约30 kg，行株距1 m×（0.5～0.6）m，露地栽培。

2. 泥鳅苗投放

4月底气温升高，温度变化相对稳定，投放泥鳅苗。选用大小均匀、无外伤、健壮、优质、外观正常的青鳅苗，每亩投入150 kg泥鳅苗，每只泥鳅苗达5 cm以上。

3. 菱定植及水位管理

菱定植前期保持10～20 cm水位，定植后，随着植株生长，主茎形成大菱盘后，菱田水位保持在35～40 cm。泥鳅放养后，水位保持在50 cm以上。水位过浅，夏天水温过高，不利泥鳅生长。宜经常采用优质活水灌溉，既调节水温，又可提高水质，保持菱角、泥鳅的正常生长，提高菱角鲜洁度与泥鳅健康度。

为更好促进菱角与泥鳅共生，也可根据菱田情况，中间设置泥鳅透气孔，以防菱盘相接；或安装小型增氧泵，为泥鳅和菱盘在雨季、菱盘过密等情况下增加水中溶氧量，减轻病害。

4. 施肥与投饵

视菱叶片老嫩、水质情况（泥鳅生长所需）每亩施用腐熟有机肥 150～300 kg，作为菱生长肥与泥鳅饵料。泥鳅放养后，需人工投饵，前期按泥鳅放养量的 2%～3% 投放饵料，后期主要将发酵后的牛粪和豆渣作为饲料，以减少生产成本。菱开花结果期，需根外追肥，每亩施入三元复合肥 10 kg，采果 2～3 次后，根外追施 1 次三元复合肥，以少量多次为宜。

5. 泥鳅的管理

泥鳅主要做好"三防"，即防逃、防鸟、防病。泥鳅喜欢钻洞，大田养殖需将田埂周边用细网拦截，进水口和出水口设置两道障碍，以防泥鳅逃逸。白鹭等喜欢捕食泥鳅，要覆盖防鸟网拦鸟。在生产期间采用 10% 生石灰水消毒和调理水质，大雨后和梅雨季节特别要注意防止细菌性病害大暴发。

6. 采收与捕捞

菱角 6 月中旬至 10 月下旬采收。根据鲜食、菜用、副食品等不同用途进行采收，鲜食、菜用宜采果皮呈青白色六七分熟的嫩果；熟食菱肉则采摘果皮呈黄白色完熟果。轻采轻放，采收后立即清洗销售，以保证菱角新鲜度。10 月捕捞商品泥鳅上市。为提高经济效益，一般在翌年 4—6 月大批量捕捞上年所投放的泥鳅，采用地笼或细网拉捕，然后用专用泥鳅筛网挑选大小，分级上市销售，部分新繁小泥鳅留作种苗，同时 6—10 月采收当年定植菱角上市。

（四）菱角-鳖＋田螺共生模式

菱角的种植方式与菱角-鱼模式相同。放养中华鳖模式的菱角田，其塘埂周围的防逃设施最好是用次品瓷砖做防逃围栏。

菱角播种后经过 15～20 天开始放养中华鳖幼鳖。5 月上中旬每亩投放 100 g 左右的中华鳖苗 240～280 尾，以土池培育的鳖苗为宜；如果幼鳖为温棚培育的鳖苗，应延迟 30 天后放养，以保证成活率。田池套养中华园田螺，分两次放养；第 1 次放养于在幼鳖放养前时间为 3 月底至 4 月中旬，第 2 次放养于鳖苗放养后时间为 7 月底至 8 月中旬；每亩每次分别放养种螺 150 kg，投放的田螺个体大小适中，40～50 只/kg，田螺用漂白粉 5 mg/L 消毒后入塘。田螺是田间放养鳖最佳的天然动物饵料，其蛋白质占所养殖鳖的动物饵料蛋白质约 60%，可大大减少饵料投喂的成本。视中华鳖生长情况，养殖期间适当补充一些小鱼、小虾等动物饵料。如果采用较大规格的鳖苗，每亩投放 250 g 左右的中华鳖鱼苗约 150 尾，则当年年底基本上能够达到上市的规格。

　　一般情况下，菱角塘的鳖不需要用药。养殖期间，应拌料投喂适量的维生素 E、免疫多糖或 EM 复合菌，以增强鳖抵抗力。在高温天气、鳖病害流行季节，以经审批的生物制剂调水改底为主，并投喂清凉解毒、保肝护胆的中草药进行病害防治。饲养阶段如发生病害必须用药时，选用低毒低残留的药物拌料投喂，确保商品鳖的食用安全。投喂药饵期间，饵料投喂量应适当减少，以保证药饵被全部摄食。菱角塘养鳖由于放养密度低、水质好，鳖基本不发病，但仍应做到无病先防、有病早治。菱角定植前要进行全池消毒，以防治鳖的细菌性病害；夏季高温，为预防鳖病发生，可在饲料中添加板蓝根、金银花、五倍子等复合中草药，帮助提高中华鳖的免疫力，促进鳖的摄食消化，平稳度过病害高发期。菱角的种植既分解了水体中的有毒有害物质，改善了水质，又为鳖提供了隐蔽的居所，保证中华鳖的稳定生长。相应地，鳖在水中的各项活动，搅动底泥中的 N、P 等营养物质，提供给菱的生长养分，同时又摄食了菱的萤叶蝉等主要害虫，促进了菱角的健康生长。菱角-鳖共生极大地提高了种养效益，是一种高效利用模式。

（五）菱角-鳖＋黄鳝共生模式

1. 菱角的种植

在池塘中用围栏围成长方形区域，围栏距离池塘四周各 2 m，用来限制菱的生长范围。于 3 月上旬水温稳定在 10 ℃以上时，采用均匀撒播方式播种，每亩播种量 30 kg，播后 40 天左右出苗。

2. 鱼种的投放

3 月中旬，亩放当地池塘培育 400～500 g/只的幼鳖（雌雄分塘放养）120 只左右。同时收集自然捕捞鳝苗，规格 20～30 g/尾，放养前碘制剂溶液消毒 10～15 分钟，每亩放养量 10 kg。并合理投放一定数量的田螺。

菱角塘多选择雄性鳖单养。雌雄鳖同塘情况下，雄性鳖比雌性鳖生长速度更快、饲料转化率更高。若食物不够充足，雌性鳖会因个头较小抢不到食物而影响生长。此外，达到性成熟的雄性鳖为争夺与雌性鳖交配，相互撕咬残杀，易造成相互受伤，甚至导致鳖鱼死亡。

3. 菱角的管理

主要为在 5 月菱叶接近铺满水面时施肥。其中复合肥 25 kg/亩，尿素 10 kg/亩。同时适量喷雾吡虫啉和杀虫双水剂，预防病害发生。

4. 鳖、黄鳝的管理

为了保证鳖的肉质和营养成分，全部投喂小杂鱼，投放地点为菱与池埂之间的敞水水体。投喂量为鳖体重的 5%～10%，上午 10：00 左右投喂一次。根据鳖喜静的习性，在整个养殖管理期间保持周边环境的安静，投喂饲料时遵循定时、定点、定质、定量的"四定"原则。

黄鳝的管理：黄鳝以鳖吃剩的饵料和池塘中的天然饵料为食，不需要专门进行饲喂和管理。

每天巡塘检查，及时发现鳖的摄食及活动情况，检查池塘防逃设施。在养殖全程中及时清除塘边杂草、杂物，每月一次用生石灰全池泼洒，为池塘养殖提供良好的环境。

5. 捕捞上市

根据市场行情，菱角的采摘为 6 月中旬至 8 月中旬；鳖的捕捞为 10—11 月干塘捕捞；黄鳝于 9—10 月，采用鳝笼捕捞。

该模式管理较为粗放。充分利用了水体空间和饵料；菱在上层，黄鳝在下层，鳖上下窜动。鳖将上层水体的溶氧带入水体底层，将底层的营养物质带入水体上层。菱吸收水体氮和磷等营养物质，净化水质。黄鳝可以摄食鳖剩下的饵料，减少饵料流失和败坏水质。该模式菱种的投入是一次性的。每年有一批没有采摘的菱角会进入池塘淤泥，一部分可以捕捞作为菱种销售，一部分第二年在池塘中萌发。

第二节　莼菜-渔综合种养技术

一、莼菜简介

1. 种类与分布

莼菜为睡莲科莼菜属多年生宿根水生草本蔬菜，莼菜主要根据叶色分类，分为红叶和绿叶两类，一般红叶品种莼菜的适应性较强，较易获得高产，但品质稍次于绿叶品种。也有按花萼颜色分类，分为红萼和绿萼两类。莼菜主要分布于四川、河南、浙江、江苏、云南、重庆、湖南、湖北等地。

2. 植物学特性

莼菜喜温暖，不耐寒冷，是喜光植物，充足的阳光有利于莼菜生长。莼菜适宜在海拔 1 000～1 500 m、年降水量为 1 200～1 400 mm 的环境下生长；适宜生长的温度为 20～30 ℃，温度过高或过低都不利于莼菜的生长发育。莼菜喜阳光，因此莼菜不可和莲藕、茭白等立生水生植物混栽，对肥料要求以氮、磷为主，钾肥适量即可。莼菜对土质、水质和水位要求较严，莼菜要求生长区域水底平坦，富含有机质淤泥土为最好，土壤 pH 值以中性至偏微酸性最为理想。全年不能断水，对水质的要求较高，水层以 60～100 cm 且流动澄清未受污染的活水为最好。新挖掘的池沼或污水池生长不良，且因嫩梢中吸附污水泥浆使品质下降。莼菜按其生长发育的规律，可分为萌芽生长阶段、旺盛生长和开花结实阶段、生长停滞阶段、生长恢复阶段和越冬休眠阶段五个时期，各个时期对环境条件的要求有所不同。

莼菜的根为不定根，着生在地下根状茎的两侧，根毛退化，由不定根组成莼菜根系。莼菜茎内有发达的通气组织，茎又分为根状茎、水中茎和短缩茎三种。莼菜叶互生，初生叶卷曲，成梭子状，外裹透明胶质；成长叶平展，浮在水面，为阔椭圆形。莼菜主要以休眠芽脱落，沉入泥中越冬和地下根状茎越冬。

莼菜主要采取无性繁殖，冬芽为繁殖方式中的一种，是莼菜贮存养分、休眠越冬的重要器官。莼菜冬芽其实是小球茎，在水中茎顶端形成，由肥大的茎、叶柄和缩小的叶片组成，外被胶质，一般 5～6 节，冬季休眠期，易脱落母体，形似螺丝，通称螺丝头。所选的种基必须具 3～4 个节，健壮无病虫害，生长势强，种茎的长度一般要求有 20 cm 左右。莼菜可以开花结实，有种子，也可进行有性繁殖，但因有性繁殖的后代常易出现性状变异，不易保持品种特征特性，故在生产上不采用。

3. 主要品种

莼菜在中国有四大产区，即江苏省太湖地区、浙江省西湖地区、四川省螺古山和湖北省利川地区。湖北省利川市是我国莼菜的重要产地，有"中国莼菜之乡"的称号。目前在长江流域栽培的莼菜，主要有以下 5 个优良品种：西湖红叶莼菜，属杭州特产蔬菜；太湖绿叶莼菜，原产于江苏太湖地区；利川红叶莼菜，原产湖北利川市；马湖莼菜，四川雷波县地方品种；富阳莼菜，浙江省富阳区地方品种。

4. 营养价值和保健功效

莼菜与茭白、鲈鱼并称为"江南三大名菜"。莼菜的营养价值很高，是全球稀有的水生蔬菜，也是著名的保健、特珍蔬菜。莼菜富含维生素 B 群、蛋白质、多糖、氨基酸等，莼菜的食用部分为富含透明胶质的嫩梢和初生卷叶，口感滑润，别具风味；莼菜黏毛分泌的黏液明胶质主要成分为多糖和蛋白质，还包括植物毒素、槲皮素多糖、黄酮醇糖苷等次生代谢物，具有抵抗水体环境中细菌和藻类对莼菜的侵袭，同时也造成莼菜活性成分的流失。莼菜具有清热解毒、利水消肿、止呕止泻之功效，对热痢、黄疸、肿痛、疮疱等也有疗效。此外，还有一定的防癌、降血脂血糖的功效。

二、莼菜的栽培技术

1. 繁殖方式

莼菜一般都用根茎进行无性繁殖。春分到谷雨期间，挖取在泥中越冬的地下茎，选取其中比较粗壮的皮色较白的茎段，每茎段带有 2～4 节作为种苗。种苗要随挖、随选、随栽，如当天不能栽完，要适当保湿，防止干茎。

2. 适时移栽

莼菜种植前 2 个月，每亩撒施生石灰约 70 kg，进行田塘消毒；莼菜种植前 1 个月完成基肥的施入工作。莼菜春秋两季均可栽植，但以春分到谷雨时栽植为最好，在长江流域以 3 月下旬至 4 月上旬为宜。一般选择健壮、无病虫害的匍匐茎作种株，种株随挖、随洗、随栽，剪成有 3～4 个节位，15～20 cm 长的茎段，每节具饱满芽 1 个。莼菜-渔综合种养生产，越冬休眠芽繁殖的种苗种植采用条栽方式，种茎每行单根顺长排列、首尾相接，条栽的行距为 100～200 cm。采用穴栽方式，行距 100～200 cm，株距 20～40 cm。栽时种茎横卧，用手捏住种茎，插入水下泥中，以不浮起为度，栽后抹平泥土。将匍匐茎段斜插或平栽（即两头按入泥中，露出芽头），每亩用种苗量 100 kg 左右。如种苗已开始萌芽生长，则将萌生的新芽露出土面。一般栽培 5～6 年为一周期，注意适时疏密。

3. 肥水管理

（1）施肥。栽植前若土壤较瘦或淤泥层浅，应亩施河泥、塘泥、水草等 2 000 kg，或 1 000 kg 腐熟有机肥，或腐熟饼肥 50 kg，并加过磷酸钙 50 kg。栽植后，当年一般不再施肥。若在贫瘠土壤或基肥不足，莼菜生长瘦弱，叶色发黄、芽细、胶质少，则及时追肥；一般每亩追施尿素 5～8 kg，切忌追施碳铵或人粪尿，以防烧苗烂叶引起肥害。以后每年立夏前后，植株进入旺盛生长期前，可施速效氮肥补充，每亩可穴施尿素

25 kg 左右，肥水管理对莼菜的生长和产量起着重要作用。适量施用有机肥料和适当的微量元素，可以提供莼菜所需的养分。通常在移栽阶段后的1～2周施肥，并根据莼菜的生长情况适时追肥。莼菜栽植后一般头一两年每年要人工除草 2～3 次，注意禁止使用化学除草剂，施肥配合除草进行。

（2）水体管理。栽植前后保持 10～20 cm 的浅水层，有利于其生根成活。栽后一个月内水深一般保持较浅水层，以 25～35 cm 为宜，此期宜换水。立夏后植株生长迅速，要逐渐加深到 60～100 cm，并相对稳定。到秋季，水位逐渐下降到 30～40 cm，冬季休眠期保持 30 cm 左右的浅水层即可。莼菜种植水的透明度宜在 35 cm 以上，一旦过浓应立即换水，以保持清洁，以微流动的活水更佳。对于水质，要注意保持清澈和流通性，避免水温过高或过低，对莼菜的生长不利；最好有流动澄清，富含矿物质的活水。在这种环境中的莼菜受到的污染少，色泽碧绿，味道鲜美，胶质丰富、透明，不沾泥沙，是鲜食和加工的最上乘材料。

4. 病虫害防控

由于莼菜是采收嫩芽嫩叶（卷叶）加工成食品，因此，一般不施用什么农药。莼菜有害生物防除应坚持"预防为主、综合防治"的原则，优先采用农业防治、生物防治和物理防治。农业防治，一是施用充分腐熟有机肥。二是及时添换清水，保持水质清澈透明。三是合理轮作。莼菜种植 6～8 年以后，可改为鱼池，养殖食草、食螺鱼类，1～2 年后重新种植莼菜。四是适时更新换代。植株生长势开始减弱后，可以部分或全部拔除，选用健壮植株的种茎重新栽种。生物防治和物理防治，如引入天敌抑制有害生物扩张，采用杀虫灯、性诱剂等诱杀害虫。当病虫害数量过多，为害莼菜生长时，优先使用生物农药。化学防治，科学使用低毒高效的农药，将有害生物为害控制在经济允许阈值内。如确需施用时，必须按照国家的有关规定施用限量的农药，而且要注意采收前的禁用期。

莼菜主要虫害有莼菜卷叶螟、椎实螺、扁螺、食根金花虫、菱叶甲等。虫害严重，危害株率 15%～25% 时，可及时喷洒 1% 枯参碱醇溶液600～800 倍液或 0.5% 藜芦碱醇溶液 500 倍液、50% 抗蚜威可湿性粉剂2 000～3 000 倍液、20% 氯虫苯甲酰胺悬浮剂 3 000 倍液、70% 吡虫啉水分散粒剂 10 000 倍液、1.8% 阿维菌素乳油 2 000 倍液等进行防治，禁止使用菊酯类等农药，且必须在施药后 15 天以上才能采收。农药使用应符合 GB/T 8321 的规定。主要病害有叶腐病（俗称"烂叶子"）、根腐病等。叶腐病防治方法主要是保持田水清洁、流动，杜绝或减少菌源污染；

根腐病用含 30%～38% 有效氯的漂白粉水剂防治，田间泼洒使水中含 1 mg/kg 的漂白粉。需注意的是此方法在莼菜生长期一般使用 2 次，使用的安全间隔期为 7 天（表 6-1）。

表 6-1　　　　　　　　　　　　莼菜的主要病虫害

名称	病害症状	防治方法
叶腐病	被害叶片初呈水黄状湿腐病斑，在湿润条件下病部呈灰绿色，干燥时变为灰白色，严重时，整个叶片甚至全株叶片腐烂，仅残留主脉和较完整的叶柄。	（1）经常换水，保持水质清洁。 （2）避免施用未腐熟的有机肥。 （3）及时拔除病株，防止病害扩散。 （4）病害严重时，可亩用硫酸铜 250 g＋生石灰 250 g＋水 50 kg 配成波尔多液均匀喷雾进行防治。
根腐病	根部腐烂，吸收水分和养分的功能逐渐减弱，最后全株死亡，主要表现为整株叶片发黄、枯萎。	（1）精选种苗并消毒。 （2）莼菜田深耕翻耙，每亩施生石灰 50～100 kg。 （3）及时拔除病株，防止病害扩散。 （4）发病初期每亩撒施 25 kg 生石灰，间隔一周连续撒施两次。
食根金花虫	幼虫潜入泥中，在地下茎吮吸汁液，造成叶片发黄，生长势衰退。	（1）及时消除田间杂草，减少成虫取食及产卵场所。 （2）每亩施 50 kg 生石灰，防治越冬代幼虫。 （3）人工诱杀成虫，成虫盛发期用眼子草等诱集成虫，待其产卵后将眼子草烧毁。 （4）莼菜田放养泥鳅，每亩放养约 4 000 尾。
菱小萤叶甲	幼虫和成虫取食叶片，吃成一个个空洞，危害严重时，受害叶片被吃光或仅剩叶脉，严重时能影响莼菜生产。	（1）及时清除田间青苔、水蕹菜等杂草，减少虫口数量。 （2）及时处理掉虫害严重植株。
莲缢管蚜	受害植株叶片卷缩，生长停滞，不能绽蕾开花，严重时可造成枯叶，甚至全株枯死。	喷洒 1% 苦参碱醇溶液 600～800 倍液或 0.5% 藜芦醇溶液 500 倍液等进行防治。
螺蛳	吃食莼菜的叶片和嫩芽、嫩茎，造成减产，影响品质，对莼菜的危害较大。	（1）人工捕杀，及时捞除。 （2）放养少量黄鳝、泥鳅，控制螺蛳。 （3）莼菜种植前施用茶籽饼，每亩施用 10～15 kg。

5. 采收与留种

莼菜栽植后，可以连续多年采收，直到植株生长衰退为止。新栽的莼菜塘，栽植当年一般须在植株生长 60 天后莼菜叶基本长满水面时，才可开始采收。以后每年 3—10 月可以分期采收。3—6 月为莼菜采收期，9—10 月为秋莼菜采收期。采摘部位为外被胶质的嫩梢新叶。春分到清明间可挖取泥中嫩茎食用。清明到夏至可逐步大量采收水中嫩叶及嫩梢，称为"春莼"。采摘时尽量避免对莼菜的伤害，采摘的莼菜应符合 GB2762 和 GB2763 的规定。

（1）采收。莼菜栽植后，从清明到秋分可连续采收。在晴朗无风时每天都可以采摘嫩梢及卷叶，莼菜的品质以在谷雨到芒种（即 4 月至 7 月）之间采摘的为最好。因为此时的卷叶基本长足，但尚未展开，新梢粗壮，胶质黏厚，是鲜食和加工的理想材料。每采 1 次，又分枝 1 次，可不断采摘。莼菜采收后须浸于水中，仅能保持 2～3 天，必须立即食用或加工。每年每亩产量可达 300～500 kg，高者达 600 kg/亩，连续采摘 3～4 年后即换种栽植。

（2）莼菜留种。留种应选择在优质、高产的莼塘中挖取粗壮、无病虫害且带饱满芽眼的匍匐茎作种株繁殖，翌年育苗移栽。选优质、高产的莼池，先划出一部分面积，于最后一年停止采收，养护种株，以供第二年春季选取匍匐茎进行分段栽植。一般留种田面积约为新栽水面积的 1/10。

6. 贮存

莼菜采摘后，应及时放入塑料桶或者木桶中进行贮藏，尽量避免用金属桶盛装，以免影响莼菜品质。莼菜新鲜产品不易长期贮存，常温下洗净、净水浸泡、通风阴凉处保存 1～2 天；4～8 ℃（一般冰箱冷藏室温度）可贮存约 7 天。莼菜贮藏库房应阴凉通风、干净整洁、避免太阳直晒，贮存温度以 5～25 ℃为宜。鲜食的莼菜，采用清水浸泡贮存保鲜，时间不宜超过 24 小时。用于加工贮存的，须采集当天处理完成。

三、莼菜-渔种养模式

莼菜-渔综合种养所放养的鱼种与菱角-渔模式基本相同。综合种养情况下，共生鱼类品种首选非草食性的泥鳅、鲫鱼、丁桂鱼、罗非鱼、黄鳝、乌鳢、甲鱼等耐低氧的中下层鱼类。鱼苗放养时间一般选择在 5 月中下旬，因为此时莼菜已经根系发达、植株旺盛，同时注意控制放养的鱼种数量，水产苗种的投放不会对其生长产生较大影响；菱角生长的同时也为鱼类营造了良好的生长环境和丰富的饵料资源。

（一）莼菜-鱼共生模式

1. 方式一：莼菜-罗非鱼共作模式

刚放养时管理。在莼菜采收期间（5月上旬）就可将每尾约重50 g的罗非鱼投放到莼菜田，此时管理可结合莼菜管理，天天灌新鲜水。因刚放养鱼苗还没适应新的环境，常到水面呼吸，易被白鹭鸟啄食。故新鲜水含氧量高，既促进莼菜生长，又避免鱼苗常到水面呼吸。

根据不同放养密度，采取不同管理方法。每亩莼菜田可投放鱼苗200～500尾。按放养鱼密度不同投放鱼饵，每亩放养在200尾以下，可不投放鱼饵，主要以水生杂草、浮游生物为食；每亩放养200尾以上一定要投放鱼饵，并根据鱼的大小、多少来定食饵，鱼多、鱼大多投料，反之则少投料。以防食饵不足吃莼菜叶片，影响莼菜生长。

放养罗非鱼的鱼塘同其他鱼类比较相对要求低，无须很深的水层，适宜水层50 cm以上。罗非鱼食性广，水生杂草、浮游生物都是其优良食饵，但对水温要求比较严格，最低14 ℃，最佳25～40 ℃。最好是轮捕轮放、当年放养当年捕捞；在长江中下游流域地区不能自然越冬，在10月底一次性捕捞干净。如果是当年放养，多年捕捞，则鱼种越冬需要在暖棚里，需要采取人工越冬保种措施。保持水温在14 ℃及以上，投喂营养饵料，以达到保膘和安全越冬。

2. 方式二：莼菜-鲤鱼鲫鱼＋草鱼共作模式

草鱼在莼菜扎根生长后放养。于莼菜种植后翌年1—2月每亩莼菜塘投放草鱼种10～12尾，鱼种大小每只400～500 g；放入夏花鲤鱼和鲫鱼苗各100尾。鱼种放养前用3％～4％的盐水溶液消毒10～15分钟。

莼菜可较长期连作，但连续栽培2～3年后，田间植株密度过大，宜进行疏苗，应均匀疏除70％～80％的植株。养殖草鱼具有一定的控制莼菜田密度过大的好处。在池塘草料丰富时，草鱼以吃草为主，不影响莼菜的生长发育，在草料不足时，草鱼会食取莼菜新芽或咬断莼菜茎叶，影响莼菜生长。因此，莼菜田养草鱼需注意放养时间、放养数量；同时，注意补充牧草投喂。在10月莼菜采摘结束后，秋季应将草鱼全部捕捞出水，以免影响第二年春季莼菜新芽和生长。

田间管理：莼菜种植当年，春季莼菜萌发阶段或移栽初期，水位控制在10～30 cm；生长阶段水位控制在60～70 cm，且不宜猛涨猛落；夏季高温期间，水位应提高，但不要超过 100 cm。翌年，放入草鱼后水位加深至 70～80 cm。

(二) 莼菜–泥鳅共生模式

1. 泥鳅的放养

投放时间以 5 月上旬至 6 月中旬为宜。选择规格整齐、体质健壮的泥鳅苗种，对于病、残、弱的泥鳅苗种应剔除，防止因病菌的侵入而造成大量损失，影响养殖效益。每亩投放规格 4 cm 以上鳅苗 2 万尾。泥鳅苗放入莼菜池前要用碘制剂浸洗 10 分钟，可有效预防疾病。

2. 饲养管理

泥鳅是杂食性鱼类，水中的小型动植物、微生物及有机碎屑等都是其喜欢吃的食物。人工养殖可直接投喂水生昆虫、黄粉虫、蚯蚓、蛆虫、河蚌、螺蛳、鱼粉、野杂鱼肉及畜禽下脚料等，也可投喂人工配合饲料。泥鳅喜欢夜间觅食，因此应早晚各投喂一次。投饵要坚持"四定"原则，阴雨、闷热天气适当减少投饵量。每天要坚持巡田一周，发现问题要及时处理，例如田埂有漏洞、漏水、死鳅等都应快速处理，并保持池水嫩绿色。每隔 20 天用生石灰或漂白粉等消毒液消毒一次。莼田的施肥以多基肥为准，少用化肥，农药应选择高效低毒的产品，而且对泥鳅无害。定期换水，每次换水 20%～30% 即可。泥鳅的捕获，利用地笼网进行捕捞，可视具体情况采取捕大留小的方法，或分次捕捞的办法；于凌晨后在地笼网中放动物性饵料诱捕泥鳅，一次可捕获 70%～80%。

3. 注意事项

在莼菜与泥鳅的生长管理过程中，应当注意以下 3 个方面的内容，以保证整体管理得到满意的效果。一是泥鳅的防逃。进排水口设 20 目双层尼龙网，防止泥鳅钻逃和野杂鱼进入；田坎溢水口用孔隙为 2 mm 的聚乙烯网片或钢丝网拦截，田缺内再用缺宽 3～5 倍的竹箅网或钢丝网做成拱形栏栅，防止泥鳅外逃，增加过水面积，避免洪水漫坎。二是水质管理。水体是莼菜与泥鳅生长的基础环境，因而水质会在很大程度上影响莼菜与泥鳅的生长，因此需要对水质进行较好的管理。虽然泥鳅对于水质的要求并不高，但莼菜对于水质的要求相对较高，需要保证水体的清洁度，以确保莼菜健康生长，但同时也需要注意水体不能过于清澈，应保证水体中具有一定的浮游生物，为泥鳅提供天然的饵料，使其更好地生长。三是饵料及肥料的管理。莼菜生长需要充足的肥料，而泥鳅生长需要充足的饵料，因此需要对这两个方面加强管理及控制。

（三）"莼菜-黄颡鱼＋"等共生模式

该模式为多种鱼类混养的一种种养结合方式。主养非草食性鱼类，如黄颡鱼、乌鳢、斑点叉尾鲖、云斑鲴等；套养麦穗鱼，为肉食性鱼类提供天然饵料，同时套养少量花白鲢鱼吃有机物改善水质。以下以"莼菜-黄颡鱼＋"模式为例进行说明。

1. 鱼种的投放

投放时间 3—4 月。选择品种纯正、来源一致、规格整齐、体质健壮、无伤病的黄颡鱼苗，规格为 20～30 g/尾，密度约 300 尾/亩；同时每亩池塘投放 2～3 cm 规格的麦穗鱼鱼苗约 20 000 尾（15～20 kg）。为了充分发挥莼菜塘生产潜力，还可搭配放养部分鲢、鳙鱼种，规格为 100 g/尾，密度为 30～50 尾/亩，时间为 5 月上、中旬。上述鱼种放养入池前，需用 10％聚维酮碘溶液对水浸泡 10 分钟进行消毒，以杀灭体表病原菌及寄生虫。消毒处理后将苗种分批投放到鱼塘中。

2. 养殖管理

（1）水质调节。定期加、换新水，保持池水透明度为 35 cm 左右，溶氧量在 5 mg/L 以上。当 pH 值高于 8.5 时泼洒降碱灵，1 m 深水塘用量为 200 g/亩；当 pH 值低于 7 时泼洒生石灰，1 m 深水塘用量为 10 kg/亩，保持 pH 值 7.5～8.5。每半个月泼洒 1 次微生物益水素，1 m 深水塘用量为 200～300 g/亩，以改良水质。每 20～30 天泼洒 1 次底毒净，1 m 深水塘用量为 200 g/亩，以改善底质。

（2）饲料投喂。黄颡鱼种入池后以摄食莼菜塘中的天然生物以及饵料鱼麦穗鱼苗等为主。中后期视黄颡鱼生长情况可适当补投蛋白质含量为 40％的黄颡鱼配合饲料，日投喂 1 次，下午进行投喂，投料量为鱼体重的 3％左右。具体的投料量应根据鱼的摄食、生长、天气、水质等情况灵活调整，一般以投喂后半小时内基本吃完为宜。为增加鲜活饵料，节约投料成本，从 6 月起可在莼菜塘上方安装白、黑色诱虫灯各 1 盏，将白光灯、黑光灯吊在水面上方 40 cm 处，两盏灯处在同一垂直平面上。天黑后先开白光灯，当池塘上方飞来大量虫蛾后，打开黑光灯、关闭白光灯，此时可呈现一片"飞蛾扑水"的场景，黄颡鱼可浮于水面享受"天蛾美餐"。半小时后关闭黑光灯，再开白光灯，如此反复操作至天明，诱蛾效果颇佳。

（3）病虫害防控。在鱼病害流行期和高温季节，每半个月用聚维酮碘溶液消毒 1 次，消毒一般在晴天上午进行，有条件的在池塘安装增氧设备，如有需要可开启增氧机。高温季节还可在饲料中添加适量大蒜素和三黄粉定期拌料投喂。

黄颡鱼具有较强的抗病力，加之莼菜、鱼之间的生态优势互补，养殖过程中发病较少。但由于黄颡鱼鱼体表面无鳞，全靠皮肤黏液保护，一旦遇到投喂不当、水质变坏等情况，极易引发水霉病、肠炎病、车轮虫病。黄颡鱼属无鳞鱼，耐药性不及有鳞鱼类，在使用药物防控时应使用高效、低毒的药剂。

3. 采莼捕鱼

新栽的莼菜塘，在植株生长约 2 个月后，待莼菜叶基本上长满水面时，开始采收，采摘嫩梢及卷叶；老塘在清明到秋分可连续采收。待秋莼菜采收完后排干塘水，让黄颡鱼等鱼类集中至洼坑内，将其一次性捕捞上市销售。

第三节　荸荠-渔综合种养技术

一、荸荠简介

荸荠（bí qi）又名马蹄，属单子叶莎草科，为多年生宿根性草本植物。有细长的匍匐根状茎，在匍匐根状茎的顶端着生块茎即为荸荠。荸荠分布于广西、江苏、安徽、浙江、福建、广东、湖南、湖北等低洼池水地区。荸荠喜温、喜湿、怕冷；喜水源充足、肥沃的土壤。荸荠的繁殖方式为球茎繁殖。

荸荠中的磷含量是所有茎类蔬菜中含量最高的，磷元素能促进人体生长发育和维持生理功能的需要，同时对牙齿、骨骼的发育有很大好处。荸荠富含多糖、黄酮、皂苷等多种活性物质，具有抗菌、抗氧化、抗癌和消肿等功效。中医认为荸荠味甘性平、清热养肝、开胃消食、生津止渴、清肺化痰等功能。荸荠是一种兼具营养与保健功能的果蔬，未来市场前景广阔。

二、荸荠的栽培技术

1. 荸荠的类型及主要推广的品种

按球茎的淀粉含量分为两种类型。一是水马蹄类型，为富含淀粉类型；二是红马蹄类型，为少含淀粉类型。按脐洼（靠根状茎端）深浅分类，有平脐和凹脐两种。一般来讲，球茎顶芽尖，脐平，含淀粉多，肉质粗，适于熟食或加工淀粉，如苏荠、高邮荸荠、广州水马蹄等。球茎顶芽钝，脐凹，含水分多，含淀粉少，肉质茎甜嫩、渣少，适于生食及加工罐头，如杭荠、桂林马蹄等。

荸荠主要推广品种有桂林马蹄、苏荠、余杭荠以及孝感荠等。

2. 荸荠育苗

荸荠生产上一般用球茎或顶芽进行无性繁殖。以长江流域为例，种用荸荠，一般于当年 12 月挖起贮藏备用。也可以田间越冬保存，次年直接挖起育苗。长江流域可于 4 月上旬开始育苗，宜在室内或塑料薄膜小拱棚内进行。选个体较大、顶芽和侧芽完整、无伤口，具有本品种特征的球茎催芽。

种荠育苗前用 50％多菌灵 600 倍液或 70％多菌灵可湿性粉剂 1 000 倍液，对种球浸泡 18～24 小时消毒。根据栽种面积需要，整一适当大小苗床，种荠按 3 cm 间距排播，覆盖细土，厚度以盖住顶芽为宜，灌水保湿 20～25 天，苗高 20～25 cm 时假植至水田，密度放稀至 12～15 cm，前期水深 1～2 cm，后期可加深至 2～3 cm，每周追浇稀粪水 1 次。待苗高 35～40 cm 时即可定植，在定植前再用 25％的多菌灵 500 倍液浸根 18 小时，同时剔除病弱苗。也可将湿稻草铺 10 cm 左右在地面上，荠芽朝上排列到稻草上，叠放 3～4 层，在表面铺上一层湿稻草。每天进行 3 次喷水，一般 15 天左右开始发芽，在芽高接近 1.5 cm 揭开表面湿稻草，并继续每天 3 次浇水。齐苗后如苗叶枯黄，可淋稀薄粪水。当芽高达 10～15 cm 即可栽植至育秧田。

3. 适时移栽，合理密植

荸荠定植分球茎苗和分株苗两种情况。球茎苗，即将种荠催芽育成小苗，最后以球茎为栽植单株，每一种球只育成一株苗。分株苗，即在定植前尽量提早用球茎育苗，促其多分蘖和分株，栽时将分蘖和分株一一拆开，每栽植苗含有叶状茎 3～4 根，每一种球可育成数株苗。球茎苗其缓苗期短，早期分蘖分株多，停止早，要注意栽植密度；密度大小，晚水荸荠＞伏水荸荠＞早水荸荠。分株苗其缓苗期较长，栽植时期宜早不宜迟。

栽植密度需要按照土壤肥力和定植时间而定。定植前要小心将秧苗挖出，洗去泥土。定植时间较早，土壤质地适中、深浅合适、肥力较高的适合稀植，每亩种植 3 500～4 500 株，行株距保持为 50 cm×35 cm；

定植时间较迟，土质不好，土壤肥力较低的要密植，每亩种植 4 000～5 000 株，行株距保持在 40 cm×35 cm。荸荠田综合种养情况下，栽培密度还应降低。球茎苗栽植时适宜深度约 8 cm，以球茎入泥中根系搭着泥为度；过浅容易倒伏和发病，过深不易分株。分株苗栽植时，先将根株埋齐，然后插入土中，深 12～15 cm。在栽植后保持 1.5～3.0 cm 的浅水。

4. 病虫害防治

在荸荠种植过程中，较为常见的病害主要为枯萎病、秆枯病、红尾病等，大多时候发生在高温和高湿季节，具有发病早、蔓延速度快、危害大的特点；常见的虫害主要有螟虫、福寿螺等，病虫害防治可同时进行。

病虫害防控预防为主，治理为辅，防治结合；以农业防治、生物防治和物理防治相结合的方法。农业防治，荸荠要实行轮作换茬，种植地应保持 2～3 年未种植荸荠，水源干净无污染。在冬春季节灭茬期间，要清除田间病残茎秆，铲除荸荠自生苗，减少虫害越冬场所，降低虫口密度，还可以通过灌深水的方式减少越冬病虫。杜绝菌源，可在催芽前将种荠用 25% 多菌灵粉剂 500 倍液进行浸泡，时长为 8～12 天，进行杀菌。物理防治，对荸荠种子的药物浸泡、荸荠假植、诱光灯、捕虫网以及人工捕虫等。例如，荸荠螟虫大部分卵块都产在叶状茎的顶端，要及时清除卵块，并将其带离进行销毁，对于症状较轻的要及时拔除枯心叶。生物防治，在荸荠田里养青蛙、鸭子、鱼等，三者和谐共存，消灭虫子。

5. 荸荠留种

选丰产丘块，要求品种纯正，基本上无病虫害。种荠要保护安全越冬，冬季预报有寒潮袭击并有可能气温下降到 -5 ℃以下，要加深灌水 10 cm 以上，以防种荠受冻，待天气转暖后再放干田水。一般在翌年 3 月种荠萌芽前掘收。剔除掘破的、局部坏死的和过大、过小的球茎，保留顶芽充实、球茎大小适中的种荠，带泥不洗，摊晾 2～3 天后贮藏。早荸荠的种荠贮藏期短，又利用分株苗栽插，繁殖系数较大，每亩只要留足种荠 20 kg；晚荸荠的种荠贮藏期长，损耗大，又利用主茎苗栽植，繁殖系数小，每亩大田要留足种荠 70～80 kg。

6. 采后贮藏保鲜

现生产上保鲜主要采用传统贮藏方法，运输过程中带泥贮运，清洗、去皮后进行销售。荸荠一般应贮藏在地势高燥、气温冷凉、温度变化较小的地方。荸荠贮藏主要采用简易的堆藏法。即将荸荠堆放在地面上，四周用窨席围住，窨席外用河泥涂抹、堆上盖土和稻草，并涂泥封顶。堆藏体积根据贮种量而定，堆藏方法与窨藏一样，一般高度不超过100 cm。

三、荸荠-渔种养模式

荸荠-渔综合种养所放养的鱼种与菱角-渔综合种养形式基本相同。

(一) 荸荠-泥鳅共生模式

1. 荸荠种植

荸荠于4月上旬催芽育苗，6月上旬定植，行株距为80 cm×40 cm。定植前田间提前施好基肥，肥料以腐熟的菜籽饼和猪牛粪等有机混合肥为主，亩施有机肥1 500 kg、尿素20 kg、复合肥30 kg作荸荠基肥。

2. 泥鳅放养

选择体形好、大小均匀、体质健壮、体色正常的本地泥鳅苗为放养种苗。荸荠定植10~15天后，用几尾杂鱼进行试水，观察水质是否安全。确认水质安全后，放养规格为体长4~5 cm（约300尾/kg）的泥鳅苗，每亩35~40 kg；泥鳅苗投放前消毒。放养时注意分开均匀放养，操作轻柔，避免泥鳅受到损伤。放养泥鳅苗后，田间同时适当配放养少量鲢鱼、鳙鱼。

3. 田间管理

立秋后亩施草木灰150 kg，以利荸荠形成球茎。白露前追施球茎膨大肥，亩施尿素10 kg。并于荸荠分蘖盛期或发病初期做好病害的防控工作。

(1) 饵料投喂。投喂食物主要为粗蛋白含量38%以上的人工配合饲料，辅以动物性饲料如鱼粉、黄粉虫等，植物性饲料米糠、麸皮、玉米粉等植物性为主的饲料以及经过发酵腐熟的家禽、人畜粪等农家肥料。在水温25~27 ℃的食欲旺盛期，日投饵量为全田泥鳅体重的10%，水温15~24 ℃时为4%~8%。水温下降后，饲料应以蚕蛹粉、猪血粉等动物性饲料为主，要求当天投喂当天吃完。水温低于8 ℃或高于30 ℃时，应少投甚至停喂饲料。

(2) 水体管理。荸荠田套养泥鳅后，从8月中下旬开始每隔10天左右换水1次，每次换水10 cm，保持田面水深15 cm左右。天气转凉后逐渐降低水位，9月中旬至10月底，保持水深7~10 cm。11月上旬开始，逐渐排水湿润灌溉即可。

其他日常管理，勤巡田、勤观察，经常检查田埂、进排水口及防逃设施，同时检查泥鳅生长和水质情况，做到及时调整、消毒等。

4. 荸荠收获及泥鳅的捕捞

11月底翻泥收获荸荠；泥鳅的捕捞可与荸荠收获同步，也可将泥鳅诱至沟内囤养至元旦、春节上市。

(二) 荸荠-黄鳝共生模式

1. 荸荠秧苗移栽与鳝苗放养

（1）秧苗移栽。荸荠育苗后移植，每亩栽植 1 600～2 000 株，加大沟塘四周密度，发挥边际效益。栽植后，田间不能缺水，保持畦面水位约 5 cm，移植 1 周活棵后，即可投放养殖鱼苗。

（2）黄鳝的放养。鳝鱼苗种要规格整齐、无病无伤、体质健壮，应于 6 月底放入，每亩放养本地鳝种 1 500～1 800 尾，大小为 40～60 g/条；同时搭配少量鲫鱼和泥鳅。

2. 肥料管理

养殖黄鳝的荸荠田要施足基肥，荸荠栽植前，每亩用腐熟粪肥 600 kg、磷肥 30 kg、钾肥 10 kg。基肥为荸荠前中期提供营养，又为鳝苗培水增饵，提供浮游生物增殖饵源。追肥 2～3 次，每次用尿素和磷肥各 3～5 kg，不得撒入养殖沟中，可先溶化后泼洒，排水施肥。

3. 投喂

黄鳝早期幼小阶段采用糊状饲料，至一定时期，使用专用颗粒饲料，还可投喂螺蛳、蚯蚓、蝇蛆、小杂鱼虾和动物下脚料等；日投喂量，按田内养殖黄鳝体重计，初期 3%～5%，生长旺季 5%～10%，以投后 2 小时吃完为度，每日分两次投喂，以傍晚投喂为主。

4. 水质管理

田面水深前期 5 cm 以上，后期 10 cm 以上，每日视水深及时调节补充，每隔 10 天左右换水一次，有条件的可进行微流水养殖，要经常检查进出水口。

5. 病害防治

荸荠用药应遵循农技要求操作又要不影响黄鳝生长。黄鳝发病季节，从 7 月中旬至 10 月份，每隔 15 天用碘制剂全池泼洒一次，并用"三黄散"等中药粉拌饵投喂。要及时捕捉老鼠、水蛇等敌害、严禁鸭子进入水田。

6. 捕获与采收

11 月份黄鳝捕捞结束后，开始采收荸荠。

(三) 荸荠-螃蟹共生模式

1. 荠田移栽

根据品种优劣和其茬口搭配关系，一般采用 4 月份催芽，6 月份移植，立冬前后收获荸荠，这样可以做到每年 11 月左右荠、蟹同收。在移栽荠苗前先拔好荠秧，洗去厚泥，早栽苗，亩栽约 1 500 株，迟栽苗每亩约 2 500 株。另外，荠田施肥、水质等管理均按常规农技执行。

2. 培育蟹苗

蟹苗投放，移植荠苗前或待荠苗发青后 3～4 天，每亩田投入大眼幼体 0.4～0.5 kg。蟹苗入池后 15 天内，用熟蛋黄化浆或黄豆浆泼洒饲喂。早晚各投 1 次，日投饵总量为蟹苗总重的 120％左右。早上喂 30％～40％，晚上喂 60％～70％。15 天后投喂豆饼、浮萍、熟猪血、动物内脏等动植物饲料。8—10 月，适当增加浮萍、豆饼等植物性饲料比例，投饵量为存塘蟹苗体重的 20％～30％，以控制性早熟。

10 月以后，适量投喂煮熟的麦粒，以提高蟹苗越冬成活率。初投蟹苗时，水深应保持在 30～40 cm，以利提高水温。蟹苗投放 4～5 天后，少量加水，但水深最多也不宜超出田面。15 天后，加深水位至高出田面 10 cm 左右。正常情况下，每 4～5 天换水 1 次，每次换水量占总水量的 1/3，换水时，要边排边进。换水宜在上午进行，保持池水清新、溶氧充足，防止水质过肥。遇大雨天气要及时排水，防止蟹苗随水逃散。在蟹苗培育过程中，每隔 20～30 天，亩用生石灰 10 kg 化水全池泼洒，以杀菌防病，补充钙质。7—8 月，每千克蟹苗用 0.1～0.2 g 土霉素或土霉素拌饵投喂 2～3 次，以防幼蟹肠炎或其他细菌性病害。

3. 养殖成蟹

荠苗移植发青后 7～8 天，可以放养蟹种。每亩放养规格在每千克 80～120 只的扣蟹 800～1 000 只，荸荠田养蟹同样需要饲喂。一般 5—6 月的扣蟹个体较小，体质又差，最好投喂打碎的野杂鱼、螺、蚌、蚬肉等；6—8 月，气温较高，最好以投喂一些植物性饲料为主；9—10 月是河蟹的育肥阶段，要多喂些动物性高蛋白饲料。日投饵量，前期按 30％、后期按 5％～10％，每天分上午、下午两次投喂，经常坚持"四定"投喂，并定期做好清除污物工作。养蟹的荸荠田一般每亩每周换水 1 次，高温季节要每天换水 1 次，以免水温升高，出现早熟蟹。换水时蟹沟内要保持水深 0.5 m 左右，同时还要坚持注水，常观察水色变化。

4. 荸收蟹捕

荸荠采收期可从霜降开始到第二年春分为止。为确保荸荠、商品蟹双高产，又能在同一时间出池，最好选在冬至至小寒期间进行捕获蟹苗或捕捉成蟹。

（四）荸荠-青虾共生模式

1. 荸荠育苗移栽与管理

按种养结合的要求先搞好农田基础设施建设、消毒和水草移植等工作，然后进行荸荠苗的移栽。

（1）育苗移栽。荸荠于4—5月催芽育苗，苗龄45天时移栽，移栽行距约80 cm、穴距约50 cm，每穴栽种荸荠一株或有3～5根叶状茎的分株一丛，亩栽1 500～2 000株。

（2）荸荠田管理。在荸荠移栽前，深施人畜粪、绿肥等有机肥，有机肥用量应占总施肥量的70%；另外，每亩再施2～3 kg尿素。荸荠繁殖期内还需追施含有氮、磷、钾的复合肥和土杂肥。移栽后田间水位保持在8～10 cm。防治荸荠枯萎病、荠瘟病等，应选择一些安全高效低毒的农药，以生物农药为主。

2. 投放青虾及管理

（1）放养青虾。待移栽的荸荠发青后约10天，于早晨在田间多点放养抱卵青虾，每亩放养6～10 kg；或者每亩放养青虾苗8万～10万只，投苗规格60～70 kg/亩，60天左右的苗龄。田间可套养少量鲢、鳙鱼类等用于调控水质。

（2）合理饲喂。青虾喜食花生饼、豆饼、米糠、酒糟等植物性饵料，以及螺蛳、蚯蚓、蚕蛹等动物性饵料。青虾苗期以投喂粉状料为主（如果为早期虾苗则主要以肥水和泼洒豆浆为主），后期则投喂优质全价颗粒饵料，蛋白质含量在35%以上。一般每天傍晚沿沟边投喂一次即可，投饵量为在田青虾体重的5%～10%，以第二天早上基本吃完为宜。

（3）水质管理。青虾对水质要求较高。水质的调节，用以碘制剂为主的杀菌剂，以EM菌为主的微生物制剂来调节水体环境。高温季节应坚持每5～7天换水一次，每次换水1/3左右，换水的虾沟内要保持水深0.5 m左右，平时荸荠田应尽可能保持较高的水位。

3. 收获

为获得荸荠与青虾较高的产量，最好在11月起捕成虾和采收荸荠。

第四节　慈姑-渔综合种养技术

一、慈姑简介

慈姑即茨菰，属泽泻科多年生直立水生草本植物。慈姑分布于中国南方。喜温暖而日照多的气候，抗风、耐寒力极弱，因属于水生作物，故生于沼泽、水塘之中，常栽培于水田。慈姑花期 8—10 月。一般春夏间栽植，以球茎的顶芽繁殖，春季气温达 14 ℃以上时，球茎顶芽萌发生叶，并自茎的第 3 节发生须根，萌芽生长。慈姑食用、药用及经济价值高。其主要的食用部位是它的地下球茎。慈姑具有活血凉血，止咳通淋，散结解毒、润肺、降压的功效。慈姑植株高、根系旺、抗病虫害强、不易倒伏、生长周期长、外观优美，是水边岸边的良好绿化素材，具有优良的生态价值和广阔的应用前景，在南方水网地区用途广泛。

二、慈姑的栽培技术

1. 慈姑的类型及主要推广的品种

园艺学上慈姑根据球茎大小可分为栽培慈姑和野生慈姑，根据球茎表皮颜色分为黄白皮慈姑和青紫皮慈姑两大类。慈姑在中国、日本、韩国等地多作蔬菜栽培；慈姑对环境的适应性很强，在我国各地区都有栽培，长江流域及其以南地区栽培普遍。慈姑可分为早水慈姑、晚水慈姑两类。早水慈姑一般于春季 3—4 月育苗，6—7 月种植，秋季采收；晚水慈姑一般于 7 月下旬至 8 月上旬定植，12 月以后采收，也可春季育苗，7—8 月分株，分期定植到大田。慈姑常见的品种有：刮老乌，也叫紫圆慈姑；苏州黄，也叫白衣慈姑；沈荡慈姑；白肉慈菇以及沙姑。

2. 育苗及移栽

（1）育苗时间。根据田间茬口安排，一般选择 4 月下旬至 5 月上旬在设施内进行慈姑无土育苗。

（2）育苗操作。选用市售的育苗基质，选择长 54 cm、宽 28 cm、高 5 cm 的育苗盘；也可以用水稻育秧盘（育苗盘的高度要求不低于 4 cm，长 60 cm、宽 20 cm、高 4 cm 的水稻育秧盘可作为慈姑的无土育苗盘）。基质浸湿至"手捏成团、落地即散"（含水量 60%）的标准，装满育苗盘后用木条或长尺刮平，使基质高度与苗盘上沿相平。大田定植前 30 天左右开始育苗，将慈姑顶芽从冷库或冰箱中取出，慈姑顶芽用清水洗净后随即放入浓度为 15% 的漂白粉溶液中浸泡 1 小时，取出后再用自来水冲洗干净，晾至表面干燥。慈姑芽顶尖朝上垂直插于基质内，扦插深度 1 cm 左右，顶芽间距 2.0 cm 左右，一般每盘扦插 200～250 个顶芽。

（3）育苗管理：设施内白天温度保持在 20～30 ℃，夜间温度不低于 10 ℃；扦插后 7 天内基质湿度保持在 60% 以上，当叶鞘张开、抽出真叶后加大水分供应量；顶芽底部有须根长出后进行追肥，每盘随水追施三元复合肥（N-P-K 为 15－15－15）3～5 g，间隔 10～15 天再追施 1 次。

（4）定植。6 月中旬，当慈姑幼苗具有 4～5 片叶、苗高 25～30 cm 时即可定植。定植时每穴栽 1 株，株距 40～50 cm，行距 50～60 cm。

3. 大田管理

（1）肥料管理。基肥采用环状沟施、穴施、条沟施均可。生长季追肥采用随水浇灌或根外追肥方法。慈姑需肥量大，追肥分 3 次进行，第 1 次在定植后 15 天左右有新叶长出时进行，每亩施尿素 15 kg 或碳酸氢铵 30 kg；第 2 次在 8 月中下旬进行，每亩施尿素 10 kg、硫酸钾或氯化钾 15～20 kg；第 3 次在 9 月中下旬慈姑球茎开始膨大时进行，每亩施三元复合肥 25 kg。叶面喷施，以尿素＋磷酸二氢钾或其他全营养叶面肥为主，一定要选择合格的叶面肥，并且高温、寒冷天气及雨天不喷施，注意浓度不宜过大，种类不宜过多，以免产生副作用。

（2）水分管理。定植后 15 天内保持 5 cm 左右的浅水层；定植后 30 天随着植株的生长，逐渐加深水位至 10～15 cm；8 月中下旬以后保持 8～10 cm 的水层；9—10 月球茎膨大时，降低水位至 3～5 cm。

4. 病虫害防治

（1）农业措施。选用抗耐病品种，如紫皮慈姑类型、乌慈姑品系对黑粉病抗性较强；清洁田园，及时清理病残株，深埋或烧毁，减少病原；平衡施肥，增施磷钾肥；避免长期深灌，后期采用干湿交替灌溉，促进根系生长；发病严重田块，每亩施生石灰 100 kg，或者进行 2 年以上水旱轮作种植（如与西瓜轮作），也可与水芹、莲藕、水稻轮作种植。

（2）球茎药剂消毒。催芽前球茎用 77% 可杀得（氢氧化铜）干悬剂 1 000 倍液或 12.5% 烯唑醇乳油 3 000 倍液浸种 2 小时，或用 50% 多菌灵可湿性粉剂 1 000 倍液浸种 3 小时后用清水洗净催芽。

（3）药剂防治：以生物防治，人工释放瓢虫、草蛉、蚜茧蜂等天敌为主。针对不同病害种类，在发病初期选用低毒、高效药剂进行喷雾防治，每隔 7～10 天喷雾 1 次，连喷 2 次，即可有效控制慈姑病害的发生。严格按照各类农药的限定浓度和用量使用，喷药时先加深水位，药物尽量喷施在慈姑叶面上，用药后及时换水。

农药和肥料使用应符合 GB 4285、GB/T 8321（所有部分）、NY/T 496、NY 5238 等标准的要求。

5. 采收和留种

慈姑地上部枯黄即可采收，长江流域以 12 月收获产量最高。具体方法为排干田水，待田块晒干后，清除垄面叶片，使用小型马铃薯采收机进行挖掘，将慈姑抖落在垄面后人工捡拾；或采用高压水泵冲洗，网兜收取。

在采种前要选定留种田，选择品种纯正、生长健壮、病虫害轻、很少有抽薹开花植株的丰产田块留种，等地上部全部枯死时采收。采后挑选球茎符合本品种特征、个头较大、较重、顶芽比较弯曲的球茎做种。由于顶芽弯曲才有利于积累养分，不易萌发。选留的种球要掰下顶芽，并稍带一部分球茎上部，即将慈姑顶芽倒入，浸泡在 50% 多菌灵 600 倍液中消毒 20～25 分钟，捞出沥干余水，摊成薄层晾干，然后贮藏过冬。每 100 kg 球茎，大约可掰取顶芽 12～15 kg，可供种植 1 亩大田。

三、慈姑-渔种养模式

慈姑田放养的动物种类有鲤鱼、鲫鱼、草鱼、胡子鲶、团头鲂、鲢鱼、鳙鱼、黄鳝、泥鳅、河蟹、青虾、田螺、牛蛙、罗氏沼虾等。具体放养类型要因地制宜，并尽可能在互利共生的情况下，多品种混养，以充分利用慈姑田中生物饵料。

（一）慈姑＋鱼共作模式

1. 慈姑苗移栽

根据茬口搭配关系，一般 4 月催芽育苗，6 月下旬移植慈姑苗。亩植 1 500～2 000 株。

2. 慈姑田生态共作形式

有鲤鱼/鲫鱼套养鲢/鳙形式、草鱼套养鲢/鳙形式、泥鳅/黄鳝套养鲢/鳙形式、虾（蟹）套养田螺，以及胡子鲶套养田螺形式。慈姑田具体放养种类要因地制宜，尽可能多品种混养。通常一块慈姑田应以一种鱼为主，适当搭配 3～4 种其他鱼类。苗种放养前用药液浸洗消毒。

3. 田间管理

（1）水质管理。苗种放养初期，鱼小姑矮可以浅灌，水深 10～12 cm，随着慈姑长高，鱼苗长大，要逐步加水，水深保持在 15 cm 左右，使其始终能在水田丛中畅游索饵。慈姑田排水时，不宜过急过快，在盛暑期要适当加深水位或换水降温。

（2）投饵施肥。应按不同养殖对象根据季节、摄食、生长情况，辅喂精饲料，如糠饼、豆渣、麸皮、菜饼、螺蛳、蚯蚓、蝇蛆、鱼用颗粒料、杂鱼小虾和其他水生动物等。慈姑栽插前应施足基肥，秧苗活棵后再追肥。慈姑鱼共作有机肥应占总肥量 70％以上，因此慈姑鱼共作要控制好化肥用量。施用对水产品较安全的化肥，如尿素、过磷酸钙等。其用量，水深 6 cm 以上，一次亩施尿素 3～5 kg，过磷酸钙 5～10 kg。用法：作基肥慈姑苗栽植前深施，作追肥要放干田水，采取少量多次进行；或一次施半块田，隔日再施剩下的一半，并注意不要直接将化肥撒在沟系内。对水生物有强烈刺激作用的碳酸氢铵等仅作基肥为好。

（3）田间用药。宜使用高效低毒虫药，如井冈霉素、多菌灵、杀虫脒、杀虫双等。施药时一般要先加深水位，药物应尽量喷洒在慈姑叶上，不仅能提高农药效果，而且还可避免药物落入水中危害养殖品种。粉剂农药在露水干后喷施，水剂在露水干后喷洒。

（4）防污防逃。经常巡查，发现问题及时处理。

（5）放养草鱼、团头鲂、虾等，注意在养殖沟中适当栽种苦草和轮叶黑藻等水草。

4. 收获

一般在慈姑采收前 30～40 天捕获。起捕方法：先疏通沟系水流畅通，然后再缓慢排干田水，使慈姑田中鱼能顺利进入沟中，再顺着水流集中到鱼溜或排水口，此时用小抄网起捕即可。

（二）慈姑-鸭共作模式

慈姑-鸭共作时空耦合。由图 6-1 可知，慈姑 7 月中下旬移栽，慈姑整个生育期要保持 5～7 cm 浅水层，11 月底 12 月初开始收获，全生育期 140 天左右。每亩放鸭密度 25～30 只，经育雏（夏雏）10 天的鸭一般饲养 70～80 天即可养成成鸭。因为鸭子对慈姑新生茎叶有破坏作用，成鸭对浅层土壤中慈姑有破坏作用，故尽量做到成鸭不留结姑田。因此，鸭苗中后期在 10 月初茎叶生长进入衰败期、结球初期施放（夏雏鸭苗前期可在慈姑田放养），每天定时补充投饵；傍晚将鸭集中赶入田头鸭舍过夜，在鸭子养成前收获慈姑。慈姑一般于 11 月下旬至 12 月上旬采收，此时，慈姑地上部枯黄、地下球茎停止膨大。每次采收时，将鸭赶至鸭棚，采收结束后再放出。在慈姑收获后田面处于闲置状态，直至来年耕作，因此，在慈姑收获后鸭子可继续留在田间放养，饲养蛋鸭，增加效益（图 6 - 1）。

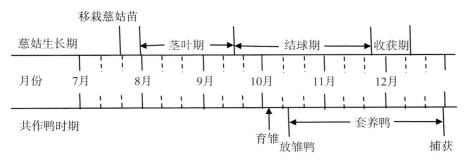

图 6 - 1　慈姑-鸭模式种植与养殖时空耦合

（三）慈姑-泥鳅共作模式

1. 泥鳅放养

（1）品种选择。购买检验检疫合格、体形匀称、大小一致、体质健壮、体色正常的鳅苗，选择体长 4～6 cm（每千克约 300 尾）、生长速度快、出肉率高、品质好的黄板鳅、灰泥鳅等品种。应就近选购以减少运输环节的风险和成本，提高鳅苗成活率。

（2）放养时间和密度。泥鳅放养时间为 4 月中下旬，放养密度每亩控制在 1.5 万～2.0 万尾。放养前用碘制剂消毒 10 分钟，或用市售的渔用药物消毒。放养时注意避免泥鳅受到损伤，应轻取轻放，慢慢倾斜水箱，使其自然流入鳅沟。

2. 泥鳅饲养管理

（1）饲料要求。动物性饲料如鱼粉、骨粉、蛆虫、蚌肉等；植物性饲料如谷物、米糠、豆粕、麸皮等；为促进泥鳅生长，人工配制饲料的蛋白质含量不得低于 36%，应保证饲料卫生、安全。驯化成功后用泥鳅膨化料（粗蛋白质水平 40%）进行投喂，在养成阶段要合理投喂，在饵料中添加多维、乳酸菌、保肝利胆的药物，满足泥鳅在生长过程中对多种营养物质的需求。

（2）投喂及投喂量。饲喂量决定着泥鳅的产量和成本，饲喂量少泥鳅生长慢，饲喂量多可能造成资源浪费和水质污染。因此，应坚持"四看"(看季节、看天气、看水色、看摄食活动)、"四定"(定时、定位、定质、定量)的投喂方法。四看：夏季水温高时日投喂量可适当增加，18～28 ℃时食欲最高，应加大投喂量至 3～4 次；晴天多投，阴雨天少投，水温低于 5 ℃或高于 30 ℃时应停喂或少喂，水温高于 30 ℃时要加深水位降温；水色以黄绿色为好，泥鳅有露头现象时需进行换水处理，及时注入新水。四定：一般上午 9：00 和下午 4：00 在鳅窝处固定地点各投喂 1 次，9：00 投喂日饲量的 1/3，下午 5：00 投喂日饲量的 2/3，保证投喂的饲料卫生、安全，无变质、无霉变；每日投喂量为泥鳅总质量的 3%～5%，以 1～2 小时吃完为宜，具体视天气、吃食情况而定。

（3）水质管理。水质管理是泥鳅养殖成败的重要环节，在泥鳅养殖过程中应 10～15 天换 1 次水，每次换水量为田块中水量的 1/5～1/4，要保持水质新鲜，有 15～20 cm 的透明度。每月田沟内泼洒 1 次生石灰水溶液进行消毒，每米水深用生石灰 15～20 kg，夏季高温时应增加水位 10～20 cm，保持慈姑生长水深在 25 cm 左右。天气转凉后逐渐降低水位，9 月中旬开始，保持水层 7～10 cm；10 月以后慈姑全部露出，这时鳅窝鱼凼水深度为 40 cm 左右，适宜泥鳅对水深的需要。

（4）日常管理。勤巡田，勤观察，经常检查田埂及进水口和排水口处的防逃设施；检查泥鳅生长和水质情况，及时调整喂食、消毒、换水等措施。

（四）慈姑-河蟹共作模式

1. 蟹苗放养

要求放养的河蟹种苗规格整齐、无病无伤、体质健壮。所有种苗应于 6 月底放于慈姑田沟内。放养品种与放养量：养成蟹的亩放每千克 100～120 只的幼蟹 3.0～4.0 kg；育种的亩放每千克 1 000～2 000 只的豆蟹 1 000 只，配放约 100 g/尾的鲢鱼、鳙鱼共 80 尾。

2. 投饵

水产动物幼小阶段投喂粉状饵料，至一定时期后再投喂颗粒饵料。日投喂量以田内养殖水产品体重计，初期占 3%～5%，生长旺期占 5%～10%。每天分 2～3 次投喂，特种水产养殖投喂时间以傍晚为主，用量占日投量的 60%～70%。

3. 水质管理

田面水深前期 5 cm 以上，后期 10 cm 以上。每 2～3 天换水一次，有条件的可进行微流水养殖，养殖期间要经常检查进出水口，严防水口堵塞和网具破损。

4. 防病

慈姑应少用或不用农药。若用农药，应用高效低毒农药；用药前要抬高水位、施药后换水；用喷雾器在慈姑叶面干时喷雾，并尽量减少药液落入水中，避免养殖水产品发生药害，从 7 月中旬至 10 月，每隔10～15 天，用 15×10^{-6} 浓度的漂白粉液或 15×10^{-6} 浓度的生石灰液全池泼洒一次。同时，用土霉素、痢特灵等拌饵饲喂养殖的水产品以防病。及时捕捉生物敌害如老鼠、水蛇等，严禁鸭子进入水田中。

5. 捕获与采收

11 月水产品捕捞结束后，开始采收慈姑，一直可采收到翌年春季。

第五节　芡实-渔综合种养技术

一、芡实简介

芡实为睡莲科芡属一年大型水生草本植物。因花托形似鸡头故又被称为鸡头米。芡实主要分布于中国南部和印度比哈尔邦北部，生在池塘、湖沼中。喜温暖、阳光充足的地方，既不耐寒也不耐旱。生长适宜温度为 20～30 ℃，水深 30～90 cm。适宜在水面不宽，水流动性小，水源充足，能调节水位高低，便于排灌的池塘、水库、湖泊和大湖湖边；要求土壤肥沃。芡实用种子繁殖，栽培方法有直播法和育苗移栽法两种。

芡实食品不仅口味独特、营养丰富，而且具有多重功效，是祛病强身的佳品，被称为"水中人参"。芡实种子含有大量不饱和脂肪酸亚麻酸，还含有多种化学成分，包括营养成分以及黄酮类、甾醇类、多酚类等功效成分。现代药理学研究表明，芡实具有抗氧化、延缓衰老、降血糖、改善心肌缺血等药理作用，临床上对多种肾脏疾病以及慢性肠炎、遗精、中风后遗症等症状均具有较好的疗效。芡实作为食品被广泛食用，以芡实为原料的食品开发主要包括粮油制品、乳制品、饮品以及芡实香肠、罐头和八宝粥等。芡实粥具有益肾固精，补脾止泻，除湿止带的功效。

二、芡实的栽培技术

1. 芡实种类

（1）根据植物学性状划分。植物分类学上，芡实为一个种。园艺学上，可依据果实性状分为有刺果类型和无刺果类型。有刺果类型即刺芡或北芡，野生、半野生或人工栽培。无刺果类型即苏芡、南芡栽培类型，这一类型除叶背具刺外，其他器官均无刺，植株个体较大，外种皮厚。

人工栽培的主要是苏芡。人工栽培的早熟品种有紫花芡实、红花芡、15-2黄籽薄壳苏芡等品种，晚熟品种主要有白花芡实等。早熟品种播种育苗期一般为4月中旬，采收期为8月下旬至10月上旬，而晚熟品种播种育苗期一般为4月中下旬，采收期为9月上旬至10月下旬。为了提早上市，提高产品价格，增加种植经济效益，部分地区以种植早上品种为主，例如太湖地区芡实种植面积最多的为早熟品种。

（2）根据栽培目的划分。主要分为两类，一类以采收叶柄和花柄为主，即所谓鸡头菜、鸡头梗、芡实梗等；一类以采收种子为主，产品为种子，脱壳为芡米。其实，这两类并无绝对的品种划分，有时也在同一块田内兼行芡实梗采收和种子采收。

2. 栽培要点

（1）播种育苗。采用直播方法，于4月上旬播种，播种量20.0～25.0 kg/hm²。栽培常采用育苗移栽法，培育壮苗是获得高产的关键技术措施之一。清明前后，将种子用水洗净后浸种催芽，于4月中下旬于苗床育苗，苗龄40日左右。将幼苗假植到育苗地，育苗地施足底肥，以农家肥为主，水层逐渐加深。但育苗移栽，其过程包括催芽、育苗、移苗、定植等，因此需要工作量和劳动力大。

（2）定植。选择水位1.5 m以内，涨落平稳、风浪较小的湖边、浅滩、沼泽低塘或排灌方便的低洼田块。大田6月中旬定植，当芡实苗长到4～5张叶片、大叶直径为25～30 cm时，进行定植。株行距2 m×2.5 m，先挖一定大小的小坑，然后将芡实苗栽入坑中，用土将芡实苗固定。

（3）田间管理。定植后10天左右查苗补缺，发现缺苗及时补苗。根据芡实不同发育阶段和天气情况调节水层深度。按照"春浅、夏深、秋放、冬蓄"的原则。定植时保持大田水深不低于20 cm，浅水活棵，以不浸到苗顶部为宜，幼苗成活后逐渐增加水深，最深不得超过1.5 m。秋季适当放水，以促进果实成熟，冬季蓄水可使种子在水底安全度冬。生长过程中及时除草固根，一般 2 次左右，注意不要碰坏植株叶、根。芡实活棵后、封行前、采收时多次施肥，一般施腐熟尿肥和复合肥 5～20 kg/亩，或生长期喷施 0.2%磷酸二氢钾作根外追肥。

（4）芡实病虫害防治。为害芡实生长的病害主要是炭疽病、斑腐病和叶瘤病；主要害虫是食根金花虫、斜纹夜蛾和莲缢管。在农业防治上，为减少病虫害对芡实的影响，除采用冬耕冻垡等方式，杀死部分越冬病原菌和幼虫，减轻为害外，还需做好田间清洁卫生，及时清除病残体。物理方法防治，实行水旱轮作。如果发病较重，需要进行药剂防治，农药的使用必须符合 NY/T 393 的相关规定。

3. 采收加工

以采收茎和嫩叶食用为主的在 6—8 月采收上市。以种仁食用为主的 9 月中旬至 11 月中旬采收，芡实的采收期较长，一般每隔 6～8 天采收 1 次，分 8～12 次采完。采收时，采收人员一手持竹劈刀，一手拿网袋，查找成熟的芡果，将其拉出水面，用竹劈刀向上凿开果实基部，取出果实，放入网袋。采收后脱粒、脱壳、晒干，可加工成粉和酿酒，也可入药或脱粒后鲜食。

4. 留种

芡实一般自行选留种，结合芡果采收进行选择。在第 3、第 4 次采收时，选择符合该栽培品种生物特征、果型大而充实、结果多的植株作为留种的母株。母株选择好后，做好标记，在下一次采收时再采收，让种子充分成熟。果实采收后，要及时剥开种皮，取出芡种，然后除去假种皮，选择籽粒饱满、颜色比较深的种子，将一些未成熟的、形状不规则的和颗粒较小的种子去除。选留的种子用水淘洗干净，装入渗水袋中，直接沉入水中进行贮存，越冬期种子在水温 0～10 ℃水沟中贮存较好。或埋入水田淤泥下 30 cm 深处过冬，防止芡种受干或受冻，同时避免高温，以防种子萌发。

三、芡实-渔种养模式

实行芡实-渔综合种养生产时，要防止鱼类可能对芡实种子（如鲤鱼、草鱼采食芡实种子）及植株（尤其是幼苗）产生的危害。对于草食性鱼类，应控制或减少数量，延迟放养时期。芡实田内可以放养的鱼种包括鲫鱼、青鱼、乌鳢、泥鳅、黄鳝、鲢鱼、鳙鱼、鲶鱼、罗非鲫鱼、鲮鱼等。至于芡实田内放养具体鱼种及数量，要视具体田块和管理水平而定，目前基本都是经验数据。有人提出，在以芡实（包括莲藕、子莲、茭白等）栽培为主、套养鱼类为辅的田内，鱼产量期望值设定为 50～100 kg/亩是比较适宜的。芡实-渔种养结合模式中，要做好围埝、鱼沟、鱼溜、平水缺、防逃等设施建设，并防止捕食性鱼类或水鸟对套养鱼的危害。

（一）芡实-鱼共作

每亩芡实田放养规格为 50 g/尾鲫鱼 100 kg，品种以合方鲫或异育银鲫为主；搭配放养规格为 500 g/尾的白鲢 50 kg。田间具体管理措施见"菱角-鲢/鳙/鲫鱼共生模式"。

（二）芡实-鱼轮作

除了芡实-鱼种养结合共作模式外，生产实践上还有芡实-鱼轮作模式。即鱼塘养鱼一定年限后，改种芡实，尤其在老旧鱼塘改良中，可以采用芡实-鱼轮作模式。譬如，连续 3～5 年养鱼后，改种芡实 1～2 年，对于老旧鱼塘有较好的改良效果。该模式最好是利用芡实养殖池塘周边天然的塘口作为暂养池，鱼类养殖暂养池面积以 1～2 亩为宜，并紧靠芡实种植的池塘，待芡实收获后可直接将鱼从暂养池放入芡实种植池。

1. 鱼种放养

鱼类放养以鲤鲫鱼为主，适当搭配一些花白鲢。鲤鱼规格为 500 g/尾，鲫鱼规格为 50 g/尾，放养量为 1 500 kg/hm²，花白鲢规格为 500 g/尾，放养量为 750 kg/hm²。在苗种放养前 15 天左右，选择晴天用生石灰对鱼种暂养池进行消毒，暂养池留水 7～10 cm，用生石灰 900～1 125 kg/hm² 均匀泼撒，15 天后注入新水即可。鱼种放养时用 3%～5% 食盐水溶液浸洗鱼种 5～10 分钟后放入暂养池，放养工作在 2 月前结束。

2. 移养及管理

芡实（茎秆）9 月能全部收获结束，收获结束后，用生石灰 2 250 kg/hm² 消毒，先把生石灰稀释，然后全池泼洒，10 天后将鱼种暂养池捞出并放入芡实种植池。每天早晚各巡塘 1 次，观察水质变化、鱼的活动和摄食情况，及时调整饲料投喂量；清除池内杂物，保持池内清洁卫生；发现死鱼、病鱼及时捞起掩埋，并定期用药物对池塘进行消毒。

（三）芡实-泥鳅共作

1. 泥鳅选择

从市场上购买泥鳅苗，泥鳅苗要选无病、无伤、大小一致、体质健壮、抗病性较强的品种。泥鳅苗长度一般为 6～10 cm，如果太小，则当年很难长成商品鳅，太大则性成熟，影响生长，两方面都会影响经济效益。

2. 泥鳅消毒

泥鳅投放之前一定要进行有效消毒，可以有效预防生长期间各种疾病。用 20 mg/kg 碘制剂消毒处理 10～15 分钟或用 0.02% 高锰酸钾溶液浸泡鳅体 15～20 分钟，将泥鳅身体表面的细菌和附着害虫杀死，对水霉病等疾病也可以有效防治。

3. 泥鳅投放

在芡实植株定植后 15～20 天，可以进行泥鳅投放。按照芡实栽培为主，泥鳅养殖为辅的原则进行投放。芡实田投放泥鳅 7.5 万～9.0 万尾/hm²。

4. 田间管理

泥鳅是杂食性水生动物，食谱很广。芡实田里的杂草嫩芽、浮游生物、底栖动物、各种昆虫、摇蚊幼虫等，都可作为泥鳅饵料，还可人工投放糠饼、河蚌肉、黄粉虫、蚯蚓、鱼粉或人工配合饲料等，一般要定时、定量供应。

养殖期间要注意观察水质，控制好水位。水质变差要及时换水，特别是 7—9 月要勤换水，既提升水质，又降低水温，有利于泥鳅的夏季生长。

5. 病虫害防治

泥鳅的病虫害防治要坚持预防为主、防治结合的原则。水霉病、寄生虫病、赤鳍病、曲骨病等是泥鳅的主要病害，通过采用芡实套养泥鳅的模式，使芡实田里的物质得到充分利用，生态环境较好，泥鳅发病机会较少。可以将 0.2% 土霉素混在饵料里投喂泥鳅，15 天投放 2～3 次。还要防止青蛙、水老鼠等危害。

6. 捕捞与上市

套养过程中，可根据市场需求捕捞规格大的分批上市，也可根据实际情况，在芡实采收结束后一次性捕捞上市。一般最迟不晚于 11 月中旬，要为后茬作物栽培做准备。

（四）芡实＋小龙虾共作

此模式育苗移栽时，芡实在田时期为 6—10 月，其中定植初期及定植后一段时期的芡实植株比较幼嫩，容易受到小龙虾危害，嫩茎被夹断，导致死苗。因此，要采取一定措施，避免小龙虾对芡实幼苗的危害。

1. 虾苗选择及投放

方式一：8月底投放体长3～5 cm（平均50尾/kg）虾苗30 kg/亩，翌年3月10日至5月30日捕捞。方式二：7—8月份将虾种放入环沟中，分3批投放，亩放养规格为每千克80～100只的小龙虾20～25 kg，第二年4月中旬开始用地笼张捕达到上市规格的小龙虾上市，6月5日前捕捞结束。方式三：7—9月投放种虾18～20 kg/亩（雌雄比3∶1，个体质量30 g以上，用于繁殖幼虾），或9—10月投放幼虾（每亩投放脱离母体后的幼虾1.5万～3.0万尾），翌年3月开始捕捞，至芡实定植前捕净。

2. 伊乐藻的定植

伊乐藻是一种优质、速生、高产的沉水植物，具有抗寒、营养丰富等特点，可通过光合作用释放大量的氧，还可吸收水中有害的氨态氮、二氧化碳和饵料的溶失物，达到调节水体溶氧、净化水质、消除水中有害物质的目的。也是小龙虾的基础食物来源并能为其提供栖息场所。11—12月定植伊乐藻，亩栽120～130株。第二年水温升高，其长势减弱，自发枯萎。

3. 饲料投喂

除基础食物来源外，需投喂一些辅助性的饵料，以小龙虾专用饲料为主。投饲量以芡实田中天然饵料的多少与小龙虾的放养密度而定。投喂做到"四定"，即定时、定量、定位、定质。有条件的最好安装频振式杀虫灯，不仅可以杀死田间害虫，减少农药用量，杀死的虫子还可以供小龙虾食用。

4. 虾病防治

芡实田生态环境较好，小龙虾一般很少暴发疾病，但仍要坚持"预防为主，防重于治"的原则。虾种放养时要进行虾体消毒，小龙虾生长期间每隔15～20天使用1次生石灰泼洒消毒，每次每亩用10～15 kg，可改善芡实田水质，还能增加水中钙离子含量，促进小龙虾蜕壳生长。虾种放养后和小龙虾捕捞前20天，各使用1次阿维菌素防治小龙虾纤毛虫病。投喂的饲料要求新鲜、不变质，定期在饲料中添加一定量的大黄、大蒜素、复合维生素等药物，连续3～5天。套养小龙虾的芡实田使用药物必须严格执行无公害药物使用标准，确保芡实、小龙虾质量安全。芡实田套养小龙虾时，还应做好防逃、防敌害等工作。

此外，还有芡实与小龙虾轮作模式。譬如长江中下游地区，宜于芡实定植前（5月下旬至6月上旬）捕净或灭除田间小龙虾，在芡实苗期过后投放小龙虾种苗。放养虾苗有两个时间比较合适，一是在3月中下旬，水温维持在12℃以上时；二是8月30日前后，但以3月中下旬放养为佳。为了提高饲养商品率，建议投放体长4 cm左右的大规格虾苗，平均规格为80尾/kg，每亩水面投放30 kg，一次性投放完毕。虾苗入塘前用3％食盐水浸泡5～10分钟。不建议投放任何鱼类。小龙虾的饲料可以自行配制，主要成分是大豆、豆粕、麦麸、玉米、血粉、鱼粉、小鱼干、饲料添加剂等，粗蛋白质含量为28％～32％；也可以选用配合颗粒饲料，粒径2～5 mm。在小龙虾与芡实轮作时，病虫害防治主要是针对芡实而言。芡实的主要病害是霜霉病，治疗时可用500倍的代森锌水剂喷洒或代森铵粉剂喷撒。注意水剂宜在下午使用，粉剂宜在上午使用。芡实的主要虫害是蚜虫和食根金花虫，可用4.5％高效氯氰菊酯乳油800～1 000倍液喷洒防治。

（五）芡实-南美白对虾共作

1. 虾苗放养

随着芡实的生长，当水位达到80 cm时放养已标粗淡化好后的南美白对虾。放苗前对池塘水质进行检测，池塘水质保持在pH值7.5～8.5、氨氮≤0.1 mg/L、亚硝酸盐≤0.1 mg/L、溶解氧≥5 mg/L、透明度30～40 cm方可放苗。南美白对虾放养规格为1.0 cm以上，按照4万尾/亩进行放养；每亩搭配规格约20 g/尾鲢40尾、鳙20尾。

2. 日常管理

（1）水位管理。从芡实入池10余天到萌芽期，水深保持在40 cm，以后随着分枝的旺盛生长，水深逐渐加深到120 cm，采收前1个月水深再次降到50 cm。

（2）施肥管理。如发现芡实叶片出现颜色浅、发黄、舒展不开等现象应及时进行施肥，施肥时应距离根系15 cm左右，每2～3周施肥1次，施肥量约15 kg/亩。

（3）饵料投喂。虾苗下塘第3天开始投喂饲料，每天投喂两次，分别为7：00—8：00、16：00—17：00。日投喂量为虾苗总体重的3％左右，具体投喂数量根据天气、水质、摄食和活动情况进行适当调节。

3. 适时收获

芡实在定植后60～70天采收。8月初，当植株心叶收缩、果柄变软、果实显红色时进行芡实的收获工作。芡实的采收期较长，从8月初到10

月中旬，每 5～7 天采收 1 次，采用人工或者机器剥离。

南美白对虾达 100 尾/kg 时，根据实际情况捕捞上市，要尽量避免在高温天气的中午起捕。南美白对虾起捕采用传统地笼收获方式，分批上市。

第六节　水芋-渔综合种养技术

一、水芋简介

芋属天南星科多年生植物，常作一年生作物栽培。在全球蔬菜消费量中居第 14 位，被称为功能性食品。目前湖南、福建、安徽、江西、广西、湖北等省（区）均有大面积栽培。芋球茎中含有丰富的淀粉，且淀粉颗粒小、易被人体吸收，尤其适于婴儿和病人食用。

水芋喜温暖潮湿气候，忌干旱、耐涝。适合水中生长，一般在水田、低洼地或水沟栽培。水芋不宜连作，连作时生长不良，产量降低且腐烂较严重；芋连作一年就会减产 20%～30%，故应实行 2～3 年以上的轮作。芋的生长期较长，应适当早播，延长生长期。由于芋不耐霜冻，所以播种期应以出苗后不受霜冻为前提；露地栽培时，各地最迟的播种期一般最好不要迟于适宜播种期后的 1 个月。例如：华中区，包括湖南、湖北、江西、浙江、四川及江苏、安徽南部。这些地区年降水量为 750～1 000 mm，1 月平均气温 0～12 ℃，全年无霜期为 240～340 天，3 月下旬至 4 月上旬定植，秋末冬初霜降到来之前收获，也可通过培土等防护措施就地安全越冬，一直收获至第二年 3 月下旬至 4 月上旬。

二、水芋的栽培技术

1. 品种简介

芋头推广的品种主要有：桃川香芋（湖南省江永名贵特产）、浏阳红荷芋（产湖南浏阳）、长沙白荷水芋（产湖南长沙）、荔浦芋（产广西荔浦市）、福鼎芋（产福建省福鼎市）、南平金沙芋（产福建省南平市）、莱阳毛芋（产山东省莱阳市）、东乡棕包芋（产江西临川、东乡等地）、奉化大芋艿头（主产于浙江省奉化地区，在江西、福建北部等地区也有少量栽培）、安徽绩溪水芋（产安徽省绩溪县）、乌杆枪（产四川省泸州市）、莲花芋（产四川省宜宾地区）、杨林沟芋头（湖北省孝感市汉川市杨林沟镇特产）、武芋二号（武汉市蔬菜科学研究所选育）等。

2. 种苗准备

（1）种芋用种量。育苗前，选择大小适中、无病、无伤痕的子芋作种。多头芋通常切分为若干块作种，用种量依品种、种芋大小、栽培密度等而不同，每亩为 60～200 kg。母芋也可作种，一般每个母芋只切 4 块左右较为合适。

（2）育苗。水芋须育苗后移栽，长江中下游地区一般从 4 月上中旬开始育苗。选好的种芋要晒 1～2 天，以打破休眠期，促进发芽，并有杀菌作用。种子催芽的方法有温室催芽、酿热物催芽、湿沙泥催芽等。催芽时最适温度为 18～20 ℃，同时注意保湿，经 10～20 天即可出芽。催芽时不要碰伤顶芽。

加温苗床、保温苗床或向阳背风且排水良好的露地盖以塑料薄膜，保持 20～25 ℃的温度及适当的湿度，即可用来催芽或育苗。苗床底土应压实。苗床上铺土厚度以能播稳种芋为度。种芋排放的密度以 10 cm 见方为宜。再用堆肥或细土盖没种芋，然后喷水，保持种层湿润，盖上塑料薄膜即可，气温较低的地区，可加盖小拱棚。晴好天气白天揭膜通风，夜间盖严。随时注意床内温度，谨防床内温度过高引起烧苗。

3. 定植

适时定植。定植的时间各地有迟早，长江中下游地区于 4 月下旬至 5 月上旬开始定植大田。育苗定植时，旱芋芽长 4 cm 以上时及时栽植，水芋一般待苗高 25 cm 左右时定植。

水芋较耐阴，综合种养情况下适当密植。水芋开厢起垄，高畦栽培，采用畦面双行栽植的方法，水芋宜深栽。厢体大约高 35 cm，厢面宽约 120 cm，厢沟宽约 45 cm、深 35～40 cm。每一厢面栽植 2 排（行）水芋。多子芋栽培的密度为：行距 60 cm，株距 45 cm；亩栽 2 000～3 000 株。魁芋类型栽植密度小，每亩栽 800 株。

如果采用直播方式，将种芋按规定的株距播于预先挖好的沟内，顶芽向上，然后覆土。为提早收获，可采用地膜覆盖，并比直播提早 15～20 天栽植。地膜覆盖一般采用宽窄行双行起垄栽培，先按小行距宽 30～40 cm、深 10～15 cm 开沟，浇透底水后，按 25～30 cm 的小行距、30～40 cm 株距呈梅花形，将种芋纵插于沟内；每沟栽 2 排，并撒施好基肥，再于两边大行距中间耕翻培土成垄。覆土深度自种芋顶端至垄面厚约 10 cm，垄宽 40 cm，然后整细垄面，盖膜并压实（图 6-2）。

图 6－2　水芋生长中期、后期田间景象

4. 田间管理

（1）追肥。追肥的施用应符合 NY/T394—2000 中 4.2 和 5.2 的规定。苗期施少量稀薄肥料。以后随着地上部分的生长逐渐加旺，结合培土追肥 3～4 次。第 1 次，在幼苗第一片叶展开时，进行深中耕，每亩施尿素 20 kg。当株高为 50 cm，具有 3～4 片叶时，进行第 2 次中耕。每亩用饼肥 50 kg、复合肥 25 kg，封行前进行第 3 次追肥，每亩施复合肥 25 kg，并加施钾肥。7 月底以前追肥必须施完，生长后期应控制肥水。

（2）水分管理。栽后保持 2～3 cm 薄层浅水，约经 10 天成活后，落水晒田，以提高泥温，促发新根，促进生长。以后田中经常保持 3～7 cm 深的水位。在施肥、培土时，可暂时排干田水，以利操作。七八月高温季节，水位加深到 15 cm 左右，并经常换水。秋凉后水位逐渐落浅，随着球茎的成熟，逐步放干田水，以便采收和贮藏。当芋叶变黄、根系枯萎时即可采收。

（3）培土及除侧芽（除蘖）。为了促进母芋膨大，防止子芋当年先期萌蘖，一般要进行两次培根塞泥。培土能抑制顶芽抽生，使芋充分肥大，并发生大量不定根，增强抗旱能力，也可调节温湿度。一般 6 月地上部迅速生长，母芋迅速膨大，子芋和孙芋开始形成时培土。培土可促进不定根的发生，抑制腋芽生长，有利于球茎膨大发育。一般培土 3 次左右，每隔 20 天左右培土 1 次，结合中耕除草追肥进行，培土厚度逐步增加，最后一次可培高土，厚度可达 15～20 cm。每次培土，应四周均匀。多子芋培土宜顺手抹除侧芽，然后培土掩埋。多头芋丛生，不必除侧芽。

（4）病虫害防治。主要病害有芋软腐病、芋疫病，虫害有斜纹夜蛾、芋单线天蛾、朱砂叶螨。综合种养模式下，主要采用农业、物理、生态的绿色防控方法，如选用无病种芋；实行 3～4 年轮作等。

5. 采收

长江中下游地区水芋在 9 月下旬陆续采收，但此时球茎嫩，含水量多，品质和风味较差。10 月下旬以后，球茎老熟，地上部叶片枯黄，淀粉含量高，品质好，产量高。采收前 1 周，先割除地上部茎叶，待伤口自然愈合后再挖取球茎。挖取应选择晴天，便于边挖边晾晒球茎，保持球茎表皮干燥。挖取前应先排干田水，边挖边除去叶柄、根须。

6. 水芋留种

留种水芋要求在 11 月上中旬球茎充分老熟后再采收，并进行单株选种。选择既符合该品种特征特性，子芋、孙芋多，大小均匀，子芋上萌蘖少的单株留种。整株挖起，带土采收。

从无病田块中健壮植株上选母芋中部的子芋作种。种芋应顶芽充实，球茎粗壮饱满，形状完整。芋留种可从纯度较高的大田内混合选择优良单株作种。对混杂株、变异株、病弱株及时拔除，其余植株混合采收留种，作为大田生产用种，其纯度不宜低于 97%。劣行和劣株的选择淘汰宜在生长期及采收期进行，依据性状主要为叶柄颜色、叶片颜色、叶片性状、球茎形状、球茎颜色及球茎顶芽颜色等。种芋应在充分成熟后采收，采收前几日从叶柄基部割去地上部，伤口愈合后在晴天采收，可防止贮藏中腐烂。采收时，最好整株采收，稍许掰掉整株球茎上的泥土，然后整株运回贮藏。冬季温暖地区种芋可在田间越冬。

二级留种法：采种前早下田检查，挖除不符合所栽品种典型特征的杂株，如株形不同、叶柄色泽不同等都是杂株，同时挖除生长不良的劣株，保留品种纯正、健康的植株，到球茎充分成熟时掘收，将子、母芋分开，选取符合所栽品种特征的较大子芋留种，淘汰顶部发白、没有充分成熟的子芋和顶部发青、露出土面的子芋，以及过小的子芋。将挖出的种芋摊晒半天，等表面干燥后，即可收藏。为了精选良种，最好进行株选，即将各株水芋挖起后，放置原处不动，然后逐株挑选，选择一部分优良单株作原种。即选子、母芋形态都符合所栽品种典型特征，子芋较大、较多，又比较均匀，且无先期萌蘖的种芋作原种，供下一年繁育良种；其余较好的子芋留作生产用种，供下一年生产大田用种，分开贮藏，实行二级留种。

三、水芋-渔种养模式

芋田养蛙有着先天优越条件，高温时巨大的芋头叶可遮阴，芋田中的水相对阴凉，有利于蛙的生长。水芋在生长过程中病虫害少，基本上不用农药，水质优良，同时低密度仿野生放养，保证了蛙的品质。该模式实现水芋和蛙类的有机共生，达到双赢的目的。

（一）水芋-蛙共作

1. 方式一："水芋-青蛙（黑斑侧褶蛙）"模式（图 6-3）

（1）放养。水芋移植约 20 天后，选择晴天早晨或傍晚放养青蛙幼蛙苗，选体质健壮、无病无残、大小一致；蛙苗最好是从正规繁殖共生购进，有检验合格证明。青蛙幼蛙个体体重 10 g 左右，每亩投放约 3 200只；或者蛙苗规格为约 5 g/只，每亩放养约 4 000 只。

（2）饲料投喂。饲养期间除用黑光灯诱虫喂蛙外，视生长情况需补充投喂青蛙专用饵料。青蛙主要喜食鲜活的动物性饲料，幼蛙下田后，应投喂人工收集或培育的蚯蚓、小鱼虾、田螺、粪蛆，以及米糠、豆渣、玉米粉等饲料。在幼蛙期要进行食性转换，从杂食性转为动物性，投喂鲜活小鱼虾、蚯蚓、蝇蛆等，并可人工驯食使其摄食人工颗粒饵料。投喂采取人工驯食方法：在饲料盘上方装一水桶，桶底开一小孔，使桶中的水能不停地滴入饵盘上（用竹箔制成槽式饵盘），饵盘中的水一振荡，盘中的饲料亦随水波动，青蛙即误认为是活饵而抢食；青蛙摄食量大，同时在田内围沟上方安置黑光灯诱虫，或用发酵后的畜禽粪肥养殖蚯蚓及蝇蛆等，增加饵料来源，并在陆地和水面广布饵料台，以满足蛙摄食需要。投喂量随着蛙长大，由占蛙体重的 5% 左右增加到占体重的 15% 左右，投喂原则是量少次多，以投喂后在半小时内吃完为宜。

（3）日常管理。主要做好以下四方面的工作：一是水质管理。要定期加水和更换新水，每半个月注水一次，高温季节应加深水位 20 cm。在围沟内投放水葫芦、水草等水生植物，以净化水质。二是做好防逃工作。经常检查防逃设施及池埂上的洞穴，发现围栏网布破损或不严密的地方，要及时修复。三是防治敌害。如田鼠、蛇、鸟类等，必须经常注意巡查，发现敌害立即予以捕捉或驱赶。四是疾病防治。常打扫食场，清除残饵，定期用漂白粉或生石灰消毒食场。若发现蛙患红腿病、肿腿病，可分别用 10%～55% 的盐水或 20% 的消炎片溶液浸泡病蛙 10 分钟；用高锰酸钾溶液浸洗。此外，发现病蛙后，还应及时捞出隔离治疗，以防传染。

2. 方式二：水芋-牛蛙模式

放养牛蛙或美国青蛙，每亩放重约 50 g 的幼蛙 1 500～1 800 只，要求蛙苗体健壮无损伤，个体大小一致。水芋-牛蛙共生，芋头田野外低密度粗养牛蛙，不存在环保风险，养殖废水会被水芋吸收。该模式生产中关键在于防逃和及时投喂；管理得好，牛蛙质量和产量都不错，亩产能达到 350 kg 以上。

除上述两种水芋-蛙共作模式外，还有鱼-蛙-芋复合模式，该模式采用厢面种芋、水中养鱼、水面放蛙的立体生产方式，鱼、蛙在生长过程中摄取水中的浮游生物和取食害虫，既能净化水体，又可防止芋遭受病虫害。同时，鱼、蛙的排泄物为芋提供了丰富的营养，形成良性生态循环，但此模式管理难度增加。

水芋-蛙模式注意事项：生产中每个养殖区域不宜超过 5 亩，一般水芋-蛙共生以 1.0 亩左右为宜。以放养幼蛙为主，切忌放养蛙蝌蚪，因芋田蛙类的敌害等会吞食蝌蚪，特别是蝌蚪生长周期长，不便于管理。由于幼蛙放养中后期不再分级分田养殖，以一次性放养为主，放养密度应控制在一定的低密度范围。种养结合的水芋田四周应预先装栅栏和密铁窗网等装置，防蛙逃逸；并在蛙类的生长中及时补充饵料（图 6-3）。

图 6-3　水芋-蛙共生模式　　　　图 6-4　水芋-鸭共生模式

（二）水芋-家禽共作

1. 方式一：水芋-鸭模式（图 6-4）

（1）设置围栏。一般按田口面积 0.15～0.2 hm²（约 3 亩）设置 1 个围栏；最大围栏面积不宜超过 15 亩。围网高度约 1.2 m，防鸭子外逃和遭受天敌伤害。

（2）建棚舍。在田间的一边或一角建一个鸭子休息、取食、避暑、避寒的场所，建舍按 10 只/m² 的大小折算修建，便于小鸭躲雨和喂饲，提高成活率。舍顶用稻草或编织袋等遮盖，避免日晒夜露，鸭舍周围稍作围栏，做到既通风透气，又能避雨遮阳。鸭棚应安置在围沟上方；否则，需在鸭棚旁挖一个水凼，面积与两个鸭舍大小基本一致，深度 50～60 cm，供鸭子在旱季活动和夏天避暑。

（3）雏鸭放养。水芋移植出苗约 20 天后，每亩放养脱温免疫的麻鸭苗约 25 只，达到健康鸭下田，雏鸭个体重 150 g 左右。水芋-鸭共生期间围网养殖。此外，注意芋鸭共育期间，可在田间（每亩）放养 3～5 只番鸭苗。由于番鸭食性广泛，它们能生活在湖泊、河流、水田等水域或旱地，通常以草、水生植物和小型水生动物为食。番鸭在田间的活动，有利于引导在芋头排水晒田及田间干旱无水时麻鸭进入田间活动。

（4）饲料投喂。在养鸭芋田围沟、腰沟中应搞好以养萍为主的水体饲料生产，为鸭群提供优质青料。每亩投放萍种约 100 kg，隔 5～6 天施过磷酸钙 4～6 kg，连续施 2～3 次；同时，于大田沟内放养中国圆田螺，供鸭摄食。此外，在鸭子生长的中后期，人为增加饲料，确保鸭子肥育。补料原则为"早喂半饱晚喂足"；每天每只鸭需补饲稻谷 50～100 g 不等，注意定时、定点饲喂。

（5）水体管理。在保证水芋生长的前提下，田间放水深度以鸭脚刚好能触到泥土为宜，使鸭在活动过程中充分踩踏泥土，随着鸭的生长，芋田内水体逐渐加深。

2. 方式二：水芋-鸡-鸭模式

（1）鸡、鸭品种的选择。鸡苗选用高脚、体小、善飞的品种，如青脚黄麻鸡、本地麻鸡等。鸭苗选用体小、活动性强的品种，如绿头鸭、本地麻鸭等。

（2）鸡鸭放养的数量及时间。在水芋移栽约 15 天，每亩放养 0.5 kg 鸡苗 60 只，放养 3 周龄鸭苗 20 只。注意鸡苗、鸭苗必须在水芋封行前投放，便于控草控虫，投放晚则效果不佳。

（3）放养的方式。每 10 亩左右为一区，圈养。在田角搭建一个大型三角架鸡棚，鸡宿架上，鸭憩棚下。放养注意事项：鸡、鸭苗下田前需打疫苗，田间沟内需保持 4～6 cm 水深，厢面不淹水。

（4）饲养的管理。

1）鸡的驯食调控技术：鸡的饲养遵循"早上喂少，晚上喂饱"的原则，早上将玉米、谷物、饲料等少量从鸡棚处一路撒于厢面，引导鸡群在厢面寻食，为水芋杀虫、除草、施肥。傍晚在鸡棚处投食足量，引鸡归棚并喂饱，以促进生长。

2）鸭的驯食调控技术：水芋田移栽 15 天，放入 20 日龄雏鸭，田周围用铁丝网格密封好，防止黄鼠狼祸害，放在芋田一端。鸭的饲养遵循"早上喂少，晚上喂饱"的原则，每日饲料投喂量按鸭体重的 10％计，每日 6：00 打铃集合饲喂 1 次，每次饲喂量为总量的 30％，引导入田间觅食，前 5 天每日人工驯化 3 次，每次将鸭围绕芋田走一圈，使鸭养成在芋田均匀活动的习惯，18：00 打铃集合饲喂 1 次，饲喂量为总量的 70％，引导鸭合理回鸭舍。

（5）鸡鸭混养衔接配套技术。厢沟芋鸡鸭模式，水陆交错，水芋为鸡鸭提供荫蔽环境；鸡行厢间，鸭游沟中，共同控制沟厢杂草、害虫，改善水芋株群通风透光条件，增加田间空气流动，从而减少水芋病害。鸡鸭排泄物为水芋持续增施有机肥，改善土壤并促进水芋生长，芋田资源充分利用，芋田生态环境改善，芋田产值大幅增加，达到水芋高产、鸡鸭双丰收，提高农产品品种质量的目的。

（三）水芋-泥鳅共作

1. 施足基肥

每亩施腐熟猪牛粪等农家肥 1 500 kg、复合肥 30 kg 作基肥，以培育水中的生物饵料，为鳅苗早期摄食提供充足的天然饵料；养殖全过程保持水质有一定肥度。

2. 泥鳅放养

泥鳅于 3 月中旬放养。每亩放养台湾泥鳅约 40 kg；泥鳅苗体长 4～5 cm，每千克 200～300 尾，平均尾重约 4.0 g。该模式泥鳅放养前必须预先在芋田开设好养殖围沟和腰沟，在进水口位置设置鱼凼，并做好消毒、防逃等工作，以方便生产期间对泥鳅的投喂和管理。

3. 饲养管理

实行生态养殖方式，要以施用有机肥料为主、饲料投喂为辅。饲养初期田中的天然饵料较多，不用投喂饲料或追施肥料；等饵料缺乏时投喂一定的饲料或追施有机肥料，以培肥水质培育浮游生物，增加天然饵料。饲料为泥鳅专用饲料，一天投喂两次，上午 9：00—10：00 和下午 4：00—5：00。

4. 日常管理

根据水芋和泥鳅的生长要求，适时调整好田间水位，并尽量保持微流水状态。每天早、晚巡田，观察泥鳅摄食情况和病害防控工作；做好防洪、防旱、防逃、防盗等工作，发现问题及时采取相应的措施加以解决。

该模式水芋种植周期 1 年，泥鳅养殖 4～5 个月。

参考文献

［1］陈灿. 稻田生态种养新技术［M］. 长沙：湖南科学技术出版社，2024.

［2］徐琰斐，张宇雷，顾川川，等. 鱼菜共生发展历史、典型模式与发展趋势［J］. 渔业现代化，2020，47（05）：1-7.

［3］谢德兵，李波，杨凯，等. 黄颡鱼-蛋鸭-水生蔬菜综合种养模式技术初探［J］. 湖北农业科学，2017，56（21）：4108-4111＋4136.

［4］杨盛春，罗银华，李忠才，等. 莲-油菜水旱轮作高效栽培技术［J］. 长江蔬菜，2012（16）：75-76.

［5］顾姝斌. 湖州市水生蔬菜高效种植模式调查［J］. 浙江农业科学，2015，56（3）：342-344.

［6］刘义满，魏玉翔. 水生蔬菜答农民问（35）：蕹菜有哪些主要栽培模式？［J］. 长江蔬菜，2020，9：49-56.

［7］刘义满，宋先银，刘金平，等. 水生蔬菜答农民问（58-1）：菱角栽培主要技术要点有哪些？如何进行良种繁殖？［J］. 长江蔬菜，2022，19：50-54.

［8］刘青，李瑞，吴鹏，等. 水生蔬菜-旱生蔬菜轮作栽培模式研究进展［J］. 江苏农业科学，2020，48（17）：40-46.

［9］陈建明，张珏锋，钟海英，等. 莲藕有害生物绿色防控技术集成创新与应用［J］. 浙江农业科学，2023，64（7）：1684-1688.

［10］谢全森，蔡灵，孙彩娟，等. 不同泥鳅-对虾-莲藕立体种养模式经济效益比较［J］. 浙江农业科学，2019，60（2）：294-295，299.

［11］罗鹏. 藕塘藕、鳅、鳝混合种养模式研究［J］. 基层农技推广，2019，10：46-48.

［12］张雪，张洁，鲁兴华，等. 藕塘鱼、蟹、藕综合种养试验［J］. 河北渔业，2022（1）：29-30，44.

［13］韦钰，覃振略，韦丹，等. "莲藕＋牛蛙"高效立体生态种养模式试验示范结果初报［J］. 上海蔬菜，2023（2）：40-41.

［14］王成洋，张运胜，刘冬兰. 莲藕-鸭生态种养技术初探［J］. 作物研

究，2018，32（7）：161-162.

[15] 王明红，刘义满，魏玉翔. 水生蔬菜答农民问（19）：市场上的"高山茭白"是一种什么茭白？如何种植？[J]. 长江蔬菜，2019，1：49-51.

[16] 刘义满，魏玉翔. 水生蔬菜答农民问（16）：什么样的条件适合种植茭白？茭白栽培形式主要有哪些？[J]. 长江蔬菜，2018，9：50-52.

[17] 谢贻格，江扬先. 雄茭和灰茭的发生与防治 [J]. 上海蔬菜，2019（3）：24-25，33.

[18] 王树茂. 雄茭和灰茭的发生原因及防治措施 [J]. 安徽农学通报，2021，27（06）：48-51.

[19] 万俊，王桂英，李秋红，等. 茭白-小龙虾生态共作技术规范 [J]. 上海蔬菜，2021（6）：26-28.

[20] 潘复生，鲍忠洲，怀于生. 浮排水芹套养泥鳅高效生态种养新技术 [J]. 中国蔬菜，2017（11）：93-95.

[21] 陶志明，陈克春. 蟹、鱼、水芹生态种养出高效 [J]. 科学养鱼，2005，1：30-31.

[22] 张丹，吴爱芳，叶国华，等. 水芹与鱼虾共生关键技术 [J]. 长江蔬菜，2013，5：35-37.

[23] 胡振义，蔡菊环，李大鹏. 华中地区池塘养殖鱼菜共生技术要点 [J]. 渔业致富指南，2012，6：31-33.

[24] 侯玉洁，王玉兰，曾柳根，等. 黄鳝池塘网箱健康高效养殖技术 [J]. 渔业致富指南，2018，10：48-49.

[25] 丁德明. 麦穗鱼健康养殖技术 [J]. 湖南农业，2016，2：20.

[26] 刘义满，王爱新，魏玉翔，等. 水生蔬菜答农民问（57）：菱角主要栽培形式有哪些？生产栽培用种量一般为多少？如何进行菱角种苗准备？[J]. 长江蔬菜，2022，17：50-54.

[27] 严志萱，施政杰，徐小燕，等. 金华青菱-泥鳅生态套养模式 [J]. 长江蔬菜，2015，22：125-126.

[28] 张日喜，李永政，付立霞，等. 菱鳖鳝套养技术及经济效益分析 [J]. 中国水产，2017，2：104-105.

[29] 张霞，刘志雄，袁龙义，等. 武陵山区莼菜减产原因调查和改进措施探讨 [J]. 北方园艺，2015（10）：45-50.

[30] 陈高杰，陈洪波，朱万辉. 利川市莼菜主要病虫害及绿色防控技术

　　　　［J］. 湖北植保，2017（3），162：36 - 37.

［31］刘蒋琼，罗西，胡美华，等. 西湖莼菜优质高产栽培技术［J］. 长江蔬菜，2019，16：38 - 40.

［32］浦正明，项建军，吴雄兴，等. 莼菜与罗非鱼共作技术和经济效益浅析［J］. 上海农业科技，2005，4：57 - 58.

［33］严燕灵. 莼田养殖泥鳅技术［J］. 渔业致富指南，2012，3：32 - 33.

［34］梁义. 荸荠的生物学特征及无公害高产栽培技术［J］. 南方农业，2021，15（03）：63 - 64.

［35］戴杨鑫，唐金玉，周潮滨. 光明农场荸荠田泥鳅综合种养模式探讨［J］. 浙江农业科学，2019，60（12）：2171 - 2173.

［36］王树林. 荸荠田生态种养好［J］. 专业户，2002，2：23 - 24.

［37］王树林. 水生荸荠田培育蟹苗与养殖成蟹［J］. 渔业致富指南，2006，4：34 - 35.

［38］戴小林. 荸荠田养青虾效益好［J］. 农业科技，2007，1：35.

［39］陈建明，张珏锋，钟海英，等. 慈姑病虫害的发生与防治［J］. 浙江农业科学，2016，57（10）：1742 - 1745.

［40］张永吉，董兴华，严桂林，等. 慈姑-泥鳅高效立体种养技术［J］. 中国蔬菜，2019（6）：108 - 110.

［41］卞宏娣. 慈姑田生态养鱼技术［J］. 渔业致富指南，2001，13：34.

［42］张家宏，王桂良，王守红，等. 水生蔬菜＋鸭共作技术集成及效益分析［J］. 浙江农业科学，2016，57（10）：1706 - 1709.

［43］张建新，喻彐均，周建楼，等. 慈姑-泥鳅循环水综合种养试验［J］. 科学养鱼，2022，1（22）：43 - 44.

［44］王树林. 水生慈姑田生态种养技术［J］. 当代农业，2002，6：11 - 12.

［45］罗兵，孙惠娟，孙海燕，等. 太湖地区芡实大田浅水优质高产栽培技术［J］. 现代农业科技，2016，21：58 - 59.

［46］刘义满，魏玉翔. 水生蔬菜答农民问（26）：哪些地区适宜芡实栽培？芡实有哪些种类？［J］. 长江蔬菜，2019，15：45 - 49.

［47］张远芬. 芡实无公害配套栽培技术［J］. 农家致富，2013（08）：30 - 31.

［48］符强，龚明辉，刘泽浦. 江西水中人参：芡实栽培要点［J］. 长江蔬菜，2015（24）：22.

［49］胡桂飞. 芡实-鱼高效轮作种养技术［J］. 现代农业科技，2014，6：

263，267.

［50］罗兵，孙惠娟，孙海燕，等.太湖地区大田浅水芡实套养泥鳅高效栽培技术［J］.现代农业科技，2016，22：234-235.

［51］刘义满，魏玉翔.水生蔬菜答农民问（27）：芡实主要栽培模式有哪些？［J］.长江蔬菜，2019，17：41-44.

［52］占家智，徐光明.天长市龙虾与芡实轮作试验［J］.科学种养，2020，02：51-53.

［53］倪蒙，原居林，刘梅，等.芡实-南美白对虾综合种养技术［J］.科学养鱼，2020，06：31-32.

［54］王迪轩，马少平.水芋无公害栽培要点［J］.新农村，2014，4：22-23.

［55］李梅，陶富林，陈文光，等.水芋头田套养泥鳅试验［J］.科学养鱼，2018，12：40-41.